一定要知道的怪奇科學

怖くて眠れなくなる科学

恐懼是很重要的感覺

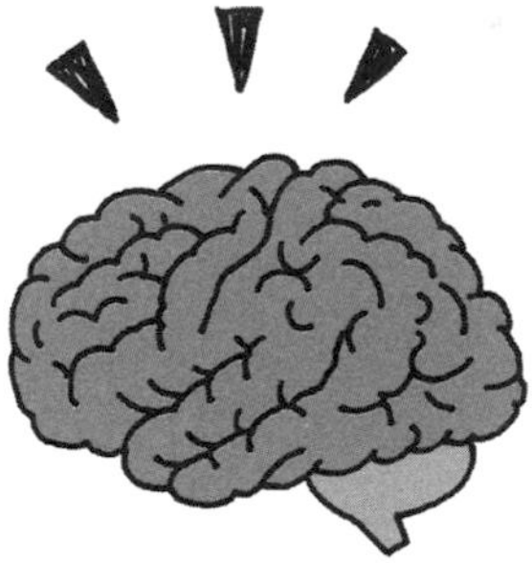

竹內 薰 著　黃郁婷 譯

目錄

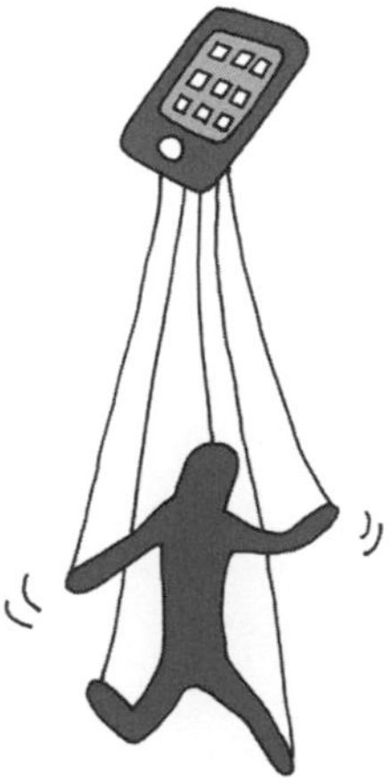

Part 2

有關疾病的恐怖話題

Part 3

有關宇宙的恐怖話題

Part 4

有關地球的恐怖話題

Part 5

科學家的可怕故事

番外篇

兵器・偽科學

前言

恐怖科學背後的真相

是從什麼時候開始，覺得科學很恐怖呢？

記得還在小學的年紀時，我曾窩在兒童房的被窩中盯著天花板的木紋看，一邊想：「既然宇宙中還有和地球同樣屬於行星的天體，那麼那邊也有像我們這樣的人類嗎？」隨著想像不斷馳騁，我突然覺得恐怖起來。

到了國中時，看著卓別林的電影《摩登時代》裡，在機械化的工業社會中，人類追不上輸送帶而引發騷動，以及被迫刷牙的橋段，我一邊大笑，一邊想：「人類竟然會輸給科技，太恐怖了！」

這種恐慌或許能從科學史中找到根源。例如，與伽利略生活在相同年代的焦爾達諾．布魯諾，因為主張「宇宙存在無數個像地球這樣的天體」而被視為異端，並且被判處火刑。

工業革命興起後不久，過度嚴苛的勞動條件遭到人們抗議，引發「盧德運動」。這個運動的背景相當複雜，但無庸置疑的一點是，它對於科技有一種純粹害怕或討厭的情緒。

◇

我的工作通常是傳達科技為人們帶來的便利與歡欣，但同時我也深知科技是一把「雙面刃」。例如飛機雖然方便，若是墜毀，將是一場災難；電腦和智慧型手機在資訊社會中是不可少的，但是同時帶來的還有高額費用，眼睛的疲勞，以及晚上失眠；以前日本藉由核能發電來獲得廉價電力，但自從福島第一核電廠發生事故後，人們開始重新審視核電安全問題，也逐漸修改核電的政策和方針。

本書將聚焦在恐怖科學「背後的真相」，透過各種題目思考哪裡恐怖？為什麼恐怖？當然，每個人覺得恐怖的程度有所差異，或許有些讀者會覺得，這有什麼好恐怖的？或覺得其他事情更恐怖吧？總之，本書內容是依據我個人的觀感所集結的恐怖科學，要是讀者遇到自己沒有興趣的話題，儘管略過無妨。

這本書的宗旨，是希望讀者在了解科學的真相以後，再一次針對科學進行深入的思考。

我會不會講了一些有點難懂的話呀？好的，我反省、反省。總之，我們先別管那些囉嗦麻煩的理論，先以闖闖鬼屋或讀讀恐怖小說的感覺來接觸恐怖科學吧！

好啦，不再多說，這就進入恐怖科學的世界吧！

竹內 薰

序篇

關於恐怖

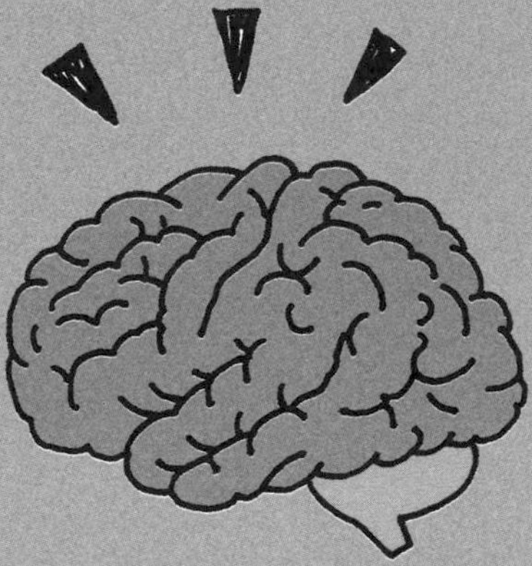

01

恐懼其實是很重要的感覺！

為什麼會感覺恐怖呢？

恐怖的感覺究竟從何而來？我們就從產生恐懼感的科學機制來切入吧。

恐懼感與大腦的杏仁核有關。那麼，在大腦中是怎麼運作的呢？

其實，恐懼感的完整運作迴路到現在都還沒完全解開，目前只知道，杏仁核是產生恐懼感所不可或缺的組織部位。顧名思義，杏仁核的形狀像杏仁，而我們的大腦擁有一對杏仁核。

舉老鼠的動物實驗為例，當老鼠的杏仁核受到損傷以後，老鼠會變得完全不怕貓。換句話說，當杏仁核喪失機能以後，也會喪失恐懼感。

在人類方面，也有一位非常著名的患者。由於人體實驗是不被允許的，因此來自患者的病例顯得格外重要。

二〇一〇年十二月，科學家發表了相關研究結果。一位化名為ＳＭ的女性，當時年紀四十四歲，她的雙側杏仁核受到局部性的損傷，這是非常罕見的遺傳疾病，病名稱為「類脂質蛋白沉積症」（Urbach-Wiethe disease）。

在實驗中，科學家請這位女性病患觀看，人們感覺恐怖時流露的表情，結果她都沒有意識到對方是在害怕。

然後，進一步請她親眼看看蛇、蜘蛛，觀看恐怖影片，參觀鬼屋，回想過去經歷的創傷等等，並問她在這些情況下覺得有多麼恐怖。這個實驗歷經三個月，期間請她攜帶一部裝置，會隨機詢問她「現在感覺到的恐怖程度」來記錄。

結果，她雖然說過討厭蜘蛛和蛇，可是當她進入寵物店時，卻立刻走去觸摸牠們。她的理由是，她沒有恐懼的概念，所以禁不住好奇心的驅使。

因為人類天生擁有冒險精神與好奇心，會想要了解未知的事物；可是，萬一面對的是可能會攻擊自己的事物或動物，人類就會升起恐懼感。因此，我們經常需在恐懼與好奇之間取得平衡。

我曾觀察自己的孩子（六個月大）觸摸貓咪時的行為，結果挺有意思的。起初孩子不懂得害怕，突然就湊近貓咪，一把揪住貓咪的毛，結果惹怒了貓咪，反遭貓掌襲擊。下一次孩子接近貓咪時，原本又想要像上次那樣觸摸貓咪，卻在伸出手的一瞬間，趕緊將手收了回去。想伸手卻又收手，應該就是產生了恐懼感的緣故。

換句話說，孩子產生了想要揪住那坨毛茸茸的生物的「好奇心」，與一旦揪下去會被爪子攻擊的「恐懼感」。可見，即使是還未離乳的幼兒，也發展出平衡這兩種感覺的機制。

會怕才懂得自我保護

以SM女士的情況來說，就是因為不懂得「恐懼」，她才會單純在好奇心的驅使之下貿然行動。她可能是完全不會罹患PTSD（創傷後壓力症候群）的人，因為她的杏仁核喪失機能，所以遭遇危險時，無法認知到危險狀況，因而不覺得害怕。因為一開始就沒有害怕的記憶，所以不會罹患PTSD。

據說，她曾經被一個疑似毒癮發作的男人持刀威脅，當下卻不知道害怕。碰巧那時她聽到附近的教會在唱聖歌，於是脫口說了：「假如你殺了我，天使是不可能沉默不管的！」那個男人眼看她不但沒有一絲害怕的模樣，還說了奇怪的話，最後驚慌失措的逃走了。

雖然瀕臨性命危險，卻因為不覺得害怕而沒有逃命。還好，這個案例是那個打算行兇的男子自行離開，要不然ＳＭ女士的小命可能就不保了。換句話說，**感覺不到恐懼的人，喪命的機率較高**。

人覺得害怕時，可能會出現畏縮、躲藏、逃離現場之類的反應。若沒做出以上反應，將走向危險，下場可能是被吃掉或殺掉，這樣就沒有辦法繁衍後代。所以，愈容易感到害怕的人，反而擁有比較多的生存機會呢！

不過，現代社會竟然興起一種奇妙的現象，認為「害怕成不了事」。

原本，「害怕面對群眾說話」是很理所當然的事情。待在聚集了許多陌生人的地方，周圍的人有可能都是敵人，也就是說，自己也有可能被捕捉、被奴役、被殺害。所以，面對群眾大聲說話，本來就具有風險。

但是現今，若沒有辦法以平常心面對群眾演說，就當不了領袖。政治家真的很會演說，對吧。我想那是因為暢所欲言也不會被暗殺（在部分國家除外），所以他們才敢那樣吧。

再以**懼高症**為例。人類的祖先直到某一個時期為止，都是在樹上生活，如果爬得太高，不慎墜落摔死的風險挺大的。所以對人類來說，「不想爬上高的地方」是很自然的反應。換句話說，懼高症確實是人類生存的必要特質。

但在現代，愈是富豪，愈愛居住在高層豪宅，遊樂園裡也很多人喜歡坐雲霄飛車，享受從高空俯衝而下的刺激。

看來，懼高症對於現代社會中，過著都市生活的人們來說，似乎反倒成為一項不太受用的特質呀！

各種恐懼症

恐懼症中還包含**幽閉恐懼症**與**廣場恐懼症**。

幽閉恐懼症，起源於原始人類被追趕到非常狹小的地方以後，因無法逃脫而遭到獵食的恐懼。對獵物來說，求生的法則是，不能被逼進死路。也就是說，幽閉恐懼症曾經是人類求生存的必要特質之一。

相對的，站在如大草原一般空曠的環境中，很容易一眼就被被肉食動物發現而遭到獵食，是有危險的，這就是廣場恐懼症的起源。所以，廣場恐懼症與幽閉恐懼症並不衝突，這兩種恐懼感都是因為在極端環境下可能造成生命危險，因此產生的。基於這個概念，「〇〇恐懼症」說不定都是人類演化過程中，歷經千辛萬苦，保留在基因中，做為生存所需的策略呢！

還有其他恐懼症例如：**巨物恐懼症**，顧名思義，就是會害怕巨大物體的症狀，這恐怕也是原始情緒的反應。在恐龍稱霸的時代，我們的哺乳類祖先身體都長得小小的，並且適應夜間生活，這樣便於逃命和躲藏，否則遇上巨獸，可能就會被吃掉。基於這段歷史，害怕巨大物體的心理，也就沒什麼好奇怪的了。在《哥吉拉》等電影中，怪獸遠比人類巨大得多的設定，應該就是在描繪人類潛意識中的恐懼感吧。

還有一種恐懼症，是會害怕尖銳物品的**尖端恐懼症**。因為接近尖銳物品很有可能會受傷，所以是一種迴避危險的本能。希區考克所執導的電影《驚魂記》中，有一幕是主角（？）持刀刺殺女性好幾刀。即使看不到被刺傷的部位，觀眾單憑想像補完畫面，那種流血的狀況都會令人害怕。加上是黑白電影，恐怖的感覺或許會更加強烈。總之，《驚魂記》可以說是巧妙運用了人類的尖端恐懼症。

再來聊到**恐水症**。水真的可以變得很危險，日本平成二十年（二〇〇八年）的年度死亡人口統計顯示，交通事故的死亡人數有七四九九人；跌倒、墜落的死亡人數有七一七〇人；不慎溺斃的死亡人數有六四六四人。可見溺水死亡的人數非常多，幾乎達到與交通事故相當的程度。

新聞報導中也經常出現，有些民眾硬是在已經發出洪水氾濫警報時，跑到河邊觀看，因而罹難，那些罹難者就是對於水太沒有恐懼感了。可見，怕水是必要的心理反應啊。

以上列舉的幾種恐懼感，其實都是求生存所必需的感受。

只不過到了現代社會，由於極度安全，反而衍生出「害怕成不了事」的這種奇妙機制。敢於在廣大群眾面前談話，或是甘心挑戰危險事情的人，如電視節目中的藝人等等，反而能夠賺大錢呢！

由於現代社會已經變得極其安全，原始的恐懼感反而衍生了不利的負面影響，真是值得玩味的狀況呀！

和恐懼感有點類似的肥胖問題

稍微離題一下。和恐懼症的變遷類似的，還有**肥胖症**。人類的身體在演化的過程中，已經變得非常能夠忍受飢餓。由於過去死於飢餓的人數眾多，人類逐漸演化成能將脂肪囤積在體內的體質，變得很能抵抗飢餓。由於人們不可能隨時都能夠進食，當食物匱乏時，把吃進身體的食物變成脂肪囤積在體內的模式，可以提高活命的機會。但是現在已經是足以飽餐的時代，人們不需要再為了進食而憂愁，於是，堆積在體內的過剩脂肪，引發了糖尿病等病症。這麼一來，人類獲取大量營養的能力，反而變成危害了！

總之，許多在過去為了適應環境而顯得有利的特性，到了現代社會，反而變得不利。

各種恐懼感或肥胖等等，曾經是人類歷經好幾萬年、好幾十萬年的演化與適應，才建立起來的最佳體質，到了最近這幾百年的人類社會，因為有了戲劇性的轉變，這些特性變得跟不上時代了。

要是這種「文明社會」持續個數十萬年，卻在某一天突然被逆轉，那麼事情可能就麻煩啦。說不定，以前不曾嶄露頭角的人反倒能生存下來；相反的，原本過得順遂，歌頌人生美好的人，反倒可能會滅絕。

看到這裡，各位應該已經了解各種恐懼心理的科學性與演化根據了。那麼接下來，本書就正式切入各種恐怖科學話題囉！

Part 1

有關人類的恐怖科學

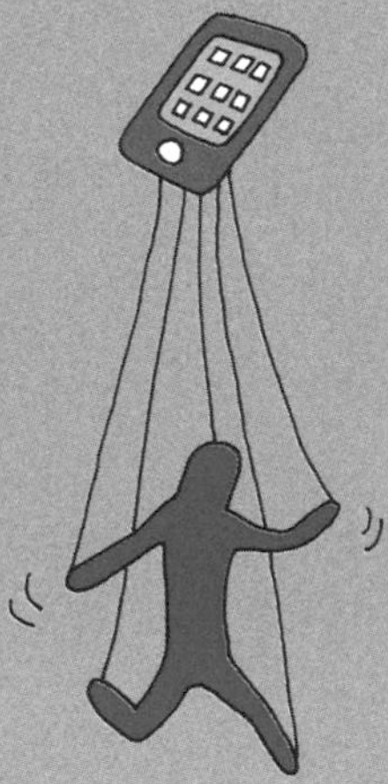

01 記憶會騙人

我們能相信記憶到什麼程度？

我們一般會認為記憶是可靠的。應該沒有人會認為自己的鮮明記憶是「虛構」的吧，人人都相信，我們是將現實原原本本的刻印在記憶當中。

但是，記憶其實是非常危險的。**在你的記憶當中，有大半是後來被「覆寫」改變的**。

以下幾則著名的事件，清楚揭露了記憶的危險性。第一則是發生在一九九〇年，一名加州的退休消防人員捲入的事件。

喬治・富蘭克林被控告在一九六九年時殺害一位名為蘇珊的八歲少女。告發他的，是自己的親生女兒艾琳。某天艾琳突然脫口說，「我父親在二十年前犯了殺人的罪行。我親眼目睹了過程，可是因為太可怕了，所以一度回想不起來，直到二十年後，這段遭到封印的記憶才被喚醒」。

喬治．富蘭克林因此入監服刑了六年，直到一九九六年才出獄。他女兒艾琳的證詞中，包含只有當初的關係人與警察才知道的情況，因此被判定為「事實」。但直到後來，各路學者詳加調查，才判定艾琳所說的情況，全都是從新聞報導看來的。

換句話說，根本就沒有所謂的「只有犯人才知道、只有目擊者才知道」的訊息。決定性的因素是，有報紙報導了錯誤的訊息，而艾琳的證詞中卻包含了那些錯誤的敘述。

究竟是為什麼，親生女兒會做出栽贓父親的行為呢？

事實上，這全都和「虛構的記憶」有關。

艾琳曾經接受催眠療法，也就是稱為「回溯催眠」的心理治療，能夠回溯童年時期，將當時發生過的事情告訴治療師。

艾琳的記憶並非真實的回憶，而是受到治療師誘導，被灌輸進去的。雖然治療師並非惡意誘導，但結果卻灌輸了艾琳假的記憶，導致艾琳以為自己目擊了殺人事件。

儘管這起殺人事件的審判完全欠缺物證，僅只憑藉證詞才成立，喬治・富蘭克林依然因為女兒的記憶而入獄六年，是不是很替他覺得心酸呢？

精神創傷的記憶會被封印嗎？

一九八〇年代，美國頻頻傳出「在我小時候的某一天，我突然被爸爸性侵了！」之類的消息，許多人因為這樣被送進了監獄。當時很多人相信，「精神創傷的記憶、衝擊性強烈的記憶會被本人封印起來」之類沒有根據的說法。電視劇或電影裡的故事情節，也經常可以見到這種劇情設定。事實上，許多專家們一致表示，所謂封印記憶的情況並不存在。

精神創傷哪可能被封印起來呢？它甚至會一再浮上心頭啊！正因為是不愉快的事，當事者反而會一再的反芻它，使它成為牢固的記憶。除非喪失記憶，否則不可能忘記創傷。更何況，根本沒有人能證實精神創傷會被封印。

所幸，如今有認知心理學領域的著名教授，伊莉莎白．羅芙托斯，致力於為類似的冤案事件作證，她指出人們可能會被灌輸「虛構的記憶」，也否定精神創傷的記憶會被封印起來。對於這類冤案事件的被告，羅芙托斯教授有如救世主現身一般。

羅芙托斯教授曾進行以下實驗。她邀請二十四位大人回憶自己在四到六歲時做過哪些事情。實驗過程是，請受試者事先向阿姨等等親戚，詢問四個關於自己小時候的回憶，接著再請受試者回憶自己的過去。

不過，在親戚所提供的四個回憶當中，有一個是假的，這是心理學實驗刻意設計的。虛構的記憶是：受試者小時候曾在大賣場走丟了。為了讓虛構的記憶具有可信度，實驗人員請受試者的親戚用當時住家附近的大賣場，來編造出走失的情況。

結果，二十四位受試者當中，竟然有五人詳細的描述了那一段根本不存在的大賣場走失記。而那五人的回憶並非憑空瞎說，他們是將看電視獲得的小孩子走失的印象，拼湊成一段故事，然後自己認定那屬於事實。直到最後，他們終於分不清楚哪些真的是自己的記憶，哪些不是了。

從這則研究以後，許多心理學家紛紛展開大規模的研究。結果顯示，有五〇%的人具有「虛構記憶」的傾向。由此可知，**記憶其實會改變，可能被覆寫，和錯誤解讀**。

催眠療法與虛構的記憶

被植入虛構記憶的例子，最常發生在催眠療法當中。一開始，當事人可能因為精神障礙或心理問題向精神科醫師或心理師諮詢，「在催眠狀態下回憶過去」的治療中，也頻繁出現虛假的記憶。

那麼，為什麼虛構的記憶會以「被父母親虐待」的形式出現呢？相關原因目前還不明朗。目前只知道，許多去諮詢、求診的人，通常是在最初心理發展階段時就產生了問題，或許這使得他們把問題的原因歸到父母親身上。

或許，是在他們逐漸為「為什麼自己的精神狀態會這樣呢」而煩惱的過程中，突然想到「被父母親虐待」之類的虛構記憶，能夠用來說明解釋吧？

接著，還有第二個案例，一九八八年，警官保羅・英格拉姆（Paul Ingram）被兩名女兒控訴性暴力，他的兩名女兒也接受過催眠療法。**這起案件最令人毛骨悚然的地方，是原本主張無犯罪事實的被告本人，最後竟然轉變態度承認犯行。**

英格拉姆不僅承認對女兒施暴，他的證詞還包括虐待兒童，以及參加惡魔信仰儀式。他敘述自己在惡魔信仰的儀式上，以二十五名嬰兒獻祭，引起全美民眾譁然。這項自白，變成入罪的決定性因素。最終，英格拉姆在監獄中一直服刑到二〇〇三年，才被釋放。

同樣的，這起案件也是缺乏物證，單憑孩子們的證詞而判定。一位心理學家理查・奧夫希（Richard Ofshe）在審判的最後階段開始調查保羅・英格拉姆，他覺得案情怎麼看怎麼奇怪，於是懷疑起英格拉姆的記憶可能有假，之後做了一個實驗。

實驗內容是假造一個情況：「英格拉姆脅迫自己的孩子近親亂倫，而他本人在旁觀看」；然而，在他的兒子與女兒過去的證詞中，已確認過從未發生這樣的事。起初，英格拉姆被指控時，還是否認對女兒施暴，但是到後來，卻改口承認說：「好，明白了，事情是我做的。」並且詳細自白整起案情。

奧夫希的實驗明確顯示出，英格拉姆的自白完全不可採信。據說，英格拉姆之所以承認犯行，與他所居住的華盛頓州瑟斯頓郡的地方風氣有關。瑟斯頓郡是一個鄉村，而英格拉姆本身擔任共和黨的地區會長，雖然是有一定地位的人士，但當地包含教會在內，是具有濃厚威權主義的環境，所以造就了英格拉姆習慣聽從長官的命令，習慣答應「是的、好的」這樣的特質。

沒想到，英格拉姆這種容易被別人言論所影響的特質，加上孩子們接受催眠治療的結果，竟然釀成這一場冤案。

這類冤案有一個共通的模式：與治療師合作下，被告的孩子們被灌輸假的記憶，於是舉發被告，演變成犯罪事件。大人們往往抱持「孩子說的是實話」的主觀意識，即使身為法庭裡的審判者也一樣，最後使得一連串欠缺證據的主觀臆斷，發展成了冤案。

主觀相信「兒童說的是實話」

和兒童有關的，還有一件著名的事件。

那是發生在一九八五年，美國紐澤西州的「Wee Care」幼兒園。幼兒園老師瑪格麗特．凱莉．麥克爾斯被指控，對三十三名幼童進行性暴力與性騷擾多達二百九十九次，並且被判決有罪。

事件是在一九八五年四月被告發；後來歷經十一個月審判，在一九八八年八月判處瑪格麗特四十七年的有期徒刑；最後，在瑪格麗特入監服刑五年以後，又判決無罪釋放。

這之間究竟發生了什麼事呢？**這起事件並非起因於「虛構的記憶」，而是「誘導式詢問」**。

警官與檢察官詢問孩子們：「瑪格麗特老師對你們做了什麼事情？」問話都是以瑪格麗特老師做了壞事為前提，而且在孩子們沒回答出相應的內容以前，詢問者更是不肯釋放孩子們回家。起初孩子們一直回答不知道，後來終於被問到不耐煩了，乾脆開始亂掰一些「老師的犯行」。

這起事件同樣缺乏物證。另外，只要冷靜思考，其實應該想得到：這位老師哪有那麼多時間背著同事和其他兒童，獨自對孩子們做出那麼多的罪行呢？檢調單位恐怕只是在一種很恐慌混亂的情緒下認為，「竟然會發生這麼可怕的事。為了拯救孩子們，一定要查明真相才行！」然後就先入為主的一股腦兒的詢問下去了。重啟調查後，重看孩子們接受詢問的影像畫面，才發現過程簡直糟糕透了。

這就是堅信孩子不會做偽證，堅信「孩子說的一定是實話」，於是釀成冤獄的可怕案例。

現在，美國法庭有鑑於冤案過於頻繁，已經決定凡是以誘導式詢問孩童所取得的證據，以及接受過催眠療法的人的證詞，一律不得採用。只是，在這項改革以前，已經不知道有多少冤案犧牲者了。

最新的測謊儀器可靠嗎？

如同前面關於記憶的案例，在審判中採用的「科學事證」還存在許多不明確的地方，導致冤案時有所聞。例如早期的ＤＮＡ鑑定也曾造成許多冤案，因此法庭要在哪個階段導入科學技術做為證據，其實是相當不容易判斷的。

科學猶如一門工藝，技術精湛的人，能夠成功進行實驗，但這必須擁有豐富的知識與最新的儀器才能實現。然而，要把實驗室裡的操作方法轉變成現場的警官可以廣泛應用的通用技術（例如簡易的毒品檢驗試劑）之前，需要一段很長的時間。

不過，警察或檢調部門為了擴展採集證物的方法，盡早引進最新科技，這本身絕對不是一件壞事。比起不科學的搜查，利用最新科技輔助辦案當然會比較好。但是，過分信賴ＤＮＡ鑑定的科學，可能會衍生問題，要是民眾聽到「ＤＮＡ鑑定結果有罪」，人們一定會不假思索的認同有罪。但我們絕不能忘記，以最新科學的名義判人有罪，也時常伴隨著冤案的風險！

經常在電視劇中登場的測謊機，也已成為科學搜證的代名詞。

目前，利用核磁共振成像（ＭＲＩ）測謊的辦法已經問世。它是利用**監測人腦中的血液流動，哪個部位正在做反應，來判斷受試者是不是在說謊**，不過目前仍

在發展當中。

比較一般測謊機與ＭＲＩ測謊機的結果顯示，一般測謊機幾乎都能成功戳破謊言；但是新科技的ＭＲＩ測謊機，也就是觀察人腦血流活動的方法，有時還是會被人給蒙騙過去。

未來，應用ＭＲＩ的測謊機的精準度應會更加提升。目前很多測謊機是綜合皮膚發汗情形與身體電壓的差異來判定；然而說謊是人腦下達的指令，所以只要能確實調查腦部的反應，終究能夠分辨是不是謊言。

只是目前腦科學還在發展當中，還無法只憑腦部活動明確分辨什麼是謊言，什麼是真話。所以，儘管測謊儀器宣稱應用的是最新腦科學，準確性還有待討論，話雖這麼說，它還是很有潛力，未來有機會更加提升。

科學也有它的極限。科學進步的速度日新月異，但是偶爾也會出錯，或跑錯方向。所以我們可別在一聽到「科學」兩個字的瞬間，就毫無疑問的完全信服。因為，**盲目信任科學——才是最可怕的事！**

02

自由意志根本不存在？

你的行動真的是自己決定的嗎？

每一天，我們都自己判斷、自己思考和生活，各位應該也對此毫無懷疑吧。但是，人們真的是依照自己的選擇在決定事情嗎？這在哲學術語中稱為「自由意志」。說到這裡，我不禁想起一個非常著名的實驗。

那是一九八〇年代時，班傑明・利貝特所進行的實驗。實驗中，請受試者彎曲手腕，並觀測這時大腦的「準備電位」。準備電位是腦部在身體活動之前，預先發生的活動。也就是說，觀察準備電位，就可以了解大腦什麼時候決定要彎曲手腕。

準備電位發生在什麼時候呢？透過腦部電極的監測，可記錄下這個時間；

其次，研究人員會向受試者確認，他在什麼時間點，想要移動他的手腕，並記錄這個時間。

結果發現，在產生移動手腕的意圖的前三分之一秒，受試者腦中的準備電位已率先發生了。

也就是說，人們聽到「請在你想要彎曲手腕的任何時候去動手腕」的指令，然後，產生想要活動手腕的意圖，最後發生彎曲手腕的動作。但是，從腦波來看，當自己想要彎曲手腕的時候，在前三分之一秒，準備電位就已經發生了。這代表，**早在我們想要彎曲手腕以前，大腦的潛意識就已經決定要彎曲手腕了**。

神經學家勒奧納（Alvaro Pascual-Leone）也進行過類似的實驗。在實驗中，受試者被告知「請隨機選擇要活動右手或左手。可以自由選擇，任何一手都可以」，同時間，對受試者的腦部施加磁力，用來刺激左腦或右腦。

在一般情況下，右撇子有六〇％的機率會動右手；但是，右腦被磁場刺激的受試者，卻有八〇％的人動了左手。也就是說，當支配左手的右腦受到刺激時，受刺激者會在不知不覺中活動左手。

問題在於，受試者認為，自己是在自由意志之下選擇要活動哪隻手的。因為**受試者並未察覺自己被操控了**。

用電磁波裝置操控人類的行動？

利用電磁波刺激人腦，例如在行動電話中植入電磁波裝置，說不定就能對人類的行動達到某種程度的控制，像是：進入某商店、購買某商品等等。假如真的能那樣就太恐怖了！

隨著腦科學的發展，讓人了解到，可能早在自由意志發生的那個瞬間之前，意志和行動都已經被決定了。此外，在電磁波等刺激之下，當事人的行動和選擇會在不知情的狀態下受到影響。

這些腦科學話題是不是恐怖到令人毛骨悚然呢？讓我們祈禱，這種科學可千萬別被瘋狂的科學家濫用呀！

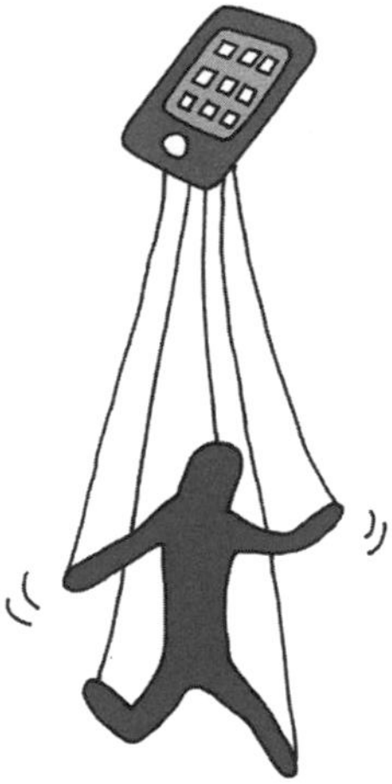

03 心理學實驗的恐怖事例

連結小白鼠與恐懼感的實驗

這是心理學家約翰・華生所進行的恐怖實驗。內容是對新生十一個月大的小嬰兒小艾伯特「灌輸恐懼條件」。

華生首先讓小艾伯特看小白鼠。當小艾伯特想要觸摸小白鼠的時候，他就在小艾伯特的背後用槌子敲擊鐵棒，發出巨響。在接受實驗以前，小艾伯特並不害怕老鼠。但是在實驗以後，他不只害怕老鼠，就連看到兔子、毛皮外套、任何有毛的生物都會感到害怕。

華生主張，**成人的不安或恐懼是由類似的幼年經驗而來**。這與巴夫洛夫對狗兒做的條件反射實驗相同。老鼠本身並不可怕，但是藉由與小白鼠搭配出現的震耳巨響，使小嬰兒受到驚嚇，後來即使沒有聽到巨響，在反射作用之下，小艾伯特光是看到老鼠，就會害怕。

這個實驗最受爭議的地方，是對才新生十一個月大的小嬰兒灌輸恐懼感。進行這項實驗的人簡直就是瘋狂的科學家，他本身比驗證恐懼感的實驗更加恐怖。華生出生於一八七八年，在一九五八年去世。要是他活在現在，一定會因為虐待兒童的罪名遭到逮捕（而且連大學的倫理委員會也不可能通過這項實驗吧）。

華生提倡行為主義心理學。行為主義心理學的基本概念是：人的行為是受到某項刺激後產生的反應。他持續透過實驗進行研究，並且發下豪語——只要給他一打嬰兒與合適的環境，他就能在不受才能、興趣、個性、祖先、種族、遺傳等關係的影響之下，培育出各種人，舉凡醫師、藝術家，以至於小偷或乞丐都沒問題。以現代的標準來看，華生算是一名科學狂人！但是華生卻在一九一五年當上美國心理學會的主席。這項實驗僅僅發生在約一百年以前，不但沒被當成虐嬰事件，反而還被嘉許為最新科學。

假如社會環境並不成熟，沒有表達「不允許這種科學存在」的話，恐怕還真的

是什麼事情都做得出來呀！

科學家是一群好奇心超乎常人的人類，所以很難從科學圈內部來指正舉發。假如要阻止這類事件，圈外人不發聲是不行的。而這樣的任務特別需要仰賴文字或媒體工作者來揭露。

免負責任使人性扭曲

再來介紹一個恐怖的實驗——著名的米爾格倫實驗。這是通電讓人疼痛的實驗。受試者共四十人，最後其中竟然有二十五人將電壓調升到四百五十伏特。表面上，這個實驗包含「老師、學生、實驗人員」三種角色，學生進入學生專用的房間，實驗人員與老師在另一個房間，兩邊只能透過對講機聽到彼此的聲音。

扮演學生的人需要回答問題，扮演老師的人要負責電擊回答錯誤的學生，以做為懲罰。實驗人員則是在學生回答錯誤時，指示老師依次調高電壓。

在這個實驗中，誰是受試者呢？其實，扮演老師的人才是受試者。學生角色是實驗人員假冒的。實際上，實驗過程中並沒有真的通電，當扮演老師的人調高電壓時，假冒學生的實驗人員會演出疼痛的樣子，至於學生痛到哀哀叫的聲音，也是事先錄製好的。

實驗進行到一半時，會安排一位看起來具有權威感，博士模樣的男子現身，他以鏗鏘有力的語氣保證：「所有的責任會由大學承擔，不會落到老師的身上。」然後實驗繼續進行。之後，所有老師竟然將電壓逐次調升到三百伏特，甚至有六〇%的老師繼續調升到四百五十伏特。

扮演老師的人，會讓扮演學生的人遭受嚴酷折磨，但他們竟然對於自己的操作無感，在自己不需要背負責任，又有權威人士現身背書的情況下，他們的道德感早已飛到九霄雲外。

這項實驗的目的，其實是希望從心理學上分析希特勒大屠殺。希特勒基於優生學的理念而屠殺眾多猶太人，那些參與屠殺的人們，真的是因為「被命令」而展開屠殺行為的嗎？換句話說，實驗的目的是希望確認：當人們受到命令時，會執行到什麼程度？

實驗結果顯示：**六〇%的人會貫徹指令**。儘管有相當比例的人會服從指令，但是也有四〇%的人受不了良心的譴責而違抗指令。但最令人驚訝的是，竟然沒有人一開始或早早就違抗指令。

這項實驗從一開始就宣稱是「心理學實驗」，顯示參加者是可以拒絕指令的，但是，卻沒有人拒絕不合理的指令。更不用說，當人們被徵召進入唯命是從的軍隊中，處在不聽命就會受到嚴厲懲罰，而且周圍的人又都完全服從命令的氛圍之下，絕大部分的人恐怕都會成為大屠殺的幫兇吧。

這就是人性啊！

Part 2

有關疾病的恐怖話題

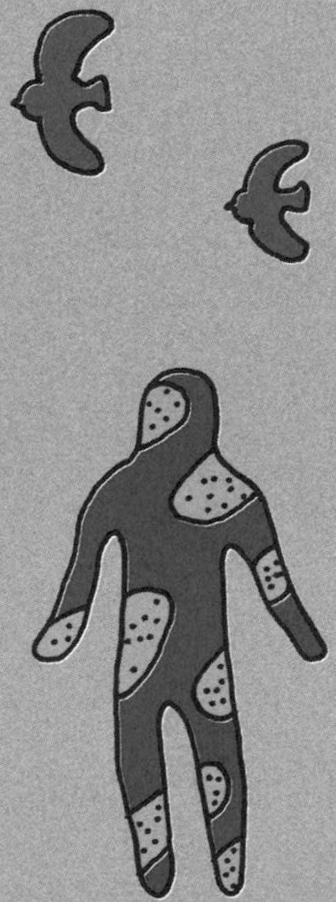

01 大腦前額葉切除術

切除大腦的治療方法？

安東尼奧・埃加斯・莫尼斯是一名非——常可怕的醫師。他是葡萄牙人，身兼政治家、醫師與神經專科醫師的身分。他是惡名昭彰的「大腦前額葉切除術」的發明者，卻也是一九四九年諾貝爾生理學暨醫學獎的得主，得獎的原因是：發現切斷大腦前額葉的神經對於某種精神疾病具有治療意義。

大腦前額葉切除術，是為了治療思覺失調症，而切除部分大腦前額葉的手術。

現今，這項手術已經因為會徹底抹煞一個人的人格，而遭到否定。但在過去，它曾被視為非常有效的治療方法，而獲得諾貝爾獎。科學或醫學的定論往往會隨著時間而有所變革，所以，即使是諾貝爾獎，也有可能出錯。

莫尼斯的經歷很有意思。他出生於一八七四年，在一九〇三年到一九一七年間出任國會議員及外交官；從那之後到一九四四年間，則是在葡萄牙里斯本大學擔任神經學教授；一九二七年，他應用X光開發出「腦血管造影術」，是一位有實力的神經學家。

一九三六年，莫尼斯與同事共同執行大腦前額葉切除術，來醫治精神疾病。後來這項手術（不知道什麼緣故）流傳到了美國，並在美國推廣開來。美國的弗里曼（Walter Freeman）與沃茲（James W. Watts）「改良」莫尼斯的方法，進一步開發出，任誰都能簡單操作的大腦前額葉切除術。只要使用類似冰錐的尖銳器具插入鼻樑上方，就能攪拌大腦，執行「治療」了。

患者做完手術以後，就不會再像原來一樣情緒狂暴，但是相對的，卻是喪失個性，整個人變得很沒勁，沒有情緒起伏，簡直變成另外一個人，可以說是非常不人道的治療。直到這些醫療過程被暢銷小說《飛越杜鵑窩》（肯・凱西著）揭發出來，並翻拍成電影以後，大腦前額葉切除術才在一九七五年澈底被捨棄。

莫尼斯在六十五歲時遭到以前的患者槍擊脊椎。儘管今日莫尼斯已被認為是典型的瘋狂科學家，但是他的諾貝爾獎頭銜直到今日都沒被撤銷。現在點進諾貝爾獎的官網查看，依然可以看到如藉口一般的說明文章，他的名字與歷代得獎者並列。畢竟，他也是受到當年一流的醫師與科學家齊聲頌揚的人物啊。

科學的極限

一九四九年正值第二次世界大戰落幕不久，那種治療行為或許還能進行得坦蕩自如。即使在現代，同樣的行為可能也還存在。現在被認為是很先進的治療方法，經過半個世紀以後，說不定也會被貶斥成瘋狂科學家的行徑。很遺憾的，不論是科學技術或是醫學，有時候就是要經過後世的檢視才有定論。

人類，說起來有點短視，往往看不清和自己同一個世代或同時代的狀況，卻很容易以為看得夠清楚了，其實到頭來，沒人洞察到什麼。目前已有統計結果指出，**對於未來的科技預測有八成是失準的**。這簡直和預測股價的準確率沒什麼兩樣。事後驗證就能發現，即使是專家，也只有兩成的準確率。

像從前的大腦前額葉切除術這樣悲慘的事件，或許有人會感嘆，為什麼當時沒人看清呢？但這也只是事後諸葛。畢竟這是科學的——也就是人類的極限。

總之，被名醫架在手術臺上，眼睜睜的看著冰錐狀的手術器具逼近自己……天哪，這畫面真是太恐怖了！

02 吃人細菌有多恐怖？

致死率三〇％的恐怖細菌

「吃人的細菌」真的是很——恐怖的生物。肉食性的細菌有很多種類，包含了鏈球菌這類，而其中的A群鏈球菌會引發「重症型A群鏈球菌感染症」，更在一九九四年時被英國的週刊報導，掀起話題。

被A群鏈球菌感染時，最初只有手腳出現刺痛感，可是短短數十小時以後，就會惡化到器官衰竭或四肢壞死的局面，致死率高達三〇％。**即使保住了性命，也可能不得不大面積切除患部，留下嚴重後遺症**。

鏈球菌其實是一種普遍存在我們體內的細菌，例如喉嚨或皮膚中，這也是孩童經常罹患咽喉炎的原因。根據丹麥的研究，大約有二％的人是A群鏈球菌的帶原者（無症狀，但帶有這種細菌）。儘管它是造成咽喉炎、扁桃腺炎，以及皮膚膿痂疹的原因，但是平常的危害頂多是「喉嚨痛」或「皮膚感染」等較輕微症狀，並不會造成嚴重傷害。

那麼在什麼情況下，A群鏈球菌會導致重症呢？目前還不知道答案。這些細菌平常就在我們的周遭東晃西晃，沒做出什麼大不了的壞事，只是會在某種時候冷不防的狂暴起來，襲擊、狙殺人類。正因為導致重症的原因還不明朗，所以一想到自己或家人萬一感染了，該怎麼辦，背脊不由得發涼起來。

它的發病頻率如何呢？單單以日本來說，每年大約有五十人左右受到感染！很驚人吧！

據知，A群鏈球菌所釋放的毒素和存在我們喉嚨的一般鏈球菌的毒素不同，或許是因為這樣，我們的身體才無法抵抗。

另外，受到感染以後會不會發病，應該也和宿主的體質有關。有些人對這種毒素的抵抗力很弱，有些人抵抗力比較強。不過，目前還缺乏更詳細的認識。

03 恐怖的行刑方式（閱讀前請做好心理準備）

使用斷頭臺有符合人道嗎？

人類歷史上，開發了許多刑具，最著名的算是斷頭臺吧。

發生在十八世紀的法國大革命，有大量的人被判處死刑，必須被砍頭。發動革命的法國市民們，跟過去的皇室貴族不同，希望能使用「在科學上或醫學上可減少痛苦」的斷頭方法，於是摸索、發展出斷頭臺這種刑具。

就實際情況來說，要用刑刀斬下一顆顆的人頭並不是一件輕鬆的工作，因此需要能夠快速斬下大批人頭的方法。而斷頭臺是「能讓腦袋迅速落下，只有脖子瞬間刺痛，不會造成痛苦的刑具」。

開發斷頭臺的人是吉約丹（Joseph-Ignace Guillotin），他是內科醫生，同時也是國會議員。當時執行死刑的主流方式是車裂——用鐵棒敲碎囚犯的手腳，然後將肢體綁在車輪上撕裂而死。因此，當時的人認為斷頭臺是比較人道的方法。

在斷頭臺問世以前，法國有一百六十名死刑執行者與三千四百名助手。自從刑場引進了斷頭臺，在一八七〇年時，只需要一名行刑者與五名助手，總計六人就能包辦全法國的死刑了。說起來，這和工業革命引進機械，變得不再那麼仰賴人力的情形挺類似的。總而言之，斷頭臺在當時算是高效率的行刑方法。

但是話說回來，斷頭臺真的是既科學又人道的刑具嗎？這就是難以驗證的地方了。各位可能有在學校的化學課上聽過拉瓦節這位科學家吧，他被尊稱為「近代化學之父」，質量守恆定律、燃燒是氧化還原反應等，就是他發現的。他有一段與斷頭臺有關但無法查證的軼事。

傳說拉瓦節向周遭的人請託「看看我在被斷頭臺處刑以後還有沒有意識」。他答應「假如自己還有意識的話會給個回答。即使沒辦法說話也會用眼睛示意，被斷頭以後竭力持續眨眼」。據說他被處死的那天，他那顆被切下的頭還真的眨了好幾下眼睛。天啊，這代表人被斷頭以後還有意識！假如真是這樣，那麼斷頭臺根本就不符合人道嘛！

不過當時不像現代能利用攝影留存畫面，單憑這則傳聞恐怕不足以為證。因為觀看拉瓦節受刑的目擊者所寫的紀錄，也沒有提及這一段。以科學史的觀點來說，這種傳聞只能算是第二手情報，並沒有出自於當事人的第一手情報，所以這也可能只是後世創作的故事而已。

而且這場「拉瓦節實驗」也不可能重現，也就無從驗證。最多只能推測——當頭顱落下以後，血壓會急速下降。**一旦血壓急速下降，人就會失去意識，所以在頭顱被切斷的瞬間，人恐怕就沒有了意識**。假使還有幾秒的時間有意識殘存，那麼能夠傳達的方法也差不多就「眨眼」而已吧。

單只剩下頭顱的狀態，大概幾乎動不了嘴、說不了話吧？而且失血也會導致腦中的血液無法循環。這麼一來，腦部應該會喪失機能，立刻陷入形同腦死的狀態。但不管怎麼推論，真相只有實際被斷頭的那個人才能知道。想像當自己的頭顱落下時，一陣天旋地轉中和盯著自己看的劊子手四目交接，想要說話也張不了口，還至少要眨個眼示意……光是想像這情景就很恐怖！

行刑的歷史

關於斷頭臺的軼事還有其他則。

據說，同樣在法國大革命當中被處死刑的女性夏綠蒂．科黛（Charlotte Corday），在斷頭以後被行刑的助手敲了敲臉，結果她漲紅了臉怒視那位助手。不過，行刑的時間在傍晚，所以也有人懷疑，漲紅的臉其實是夕陽餘暉映照，或血液濺染造成的誤會。不管怎麼說，在那瞬間，行刑人一定覺得很糟糕，儘管是因公執行斷頭任務，卻被怨恨、被詛咒，也讓人難以承受吧（抱歉，這裡偏離科學了）！

一九〇五年，一位名叫博略（Beaurieux）的醫師撰寫了有關斷頭臺的論文。他囑託即將行刑的死刑犯，假如在頭顱落下以後聽到自己被叫喚，就眨眼回應。

據說，那名死刑犯在頭顱落下的幾秒之後被叫喚，結果真的睜開眼睛，還直直盯著醫師看，持續幾秒鐘以後才又閉上眼睛。而且不只一次，第二次被叫喚時也有回應，直到第三次以後才不再睜開眼睛。

不過也有人反駁這番敘述，質疑眨眼現象單純是肌肉痙攣罷了。但我個人認為，假如是肌肉痙攣，應該會留下眼睛眨了很多下的紀錄，所以「意識維持了幾秒鐘」的論點也頗有說服力。

比較近期的，是一九五六年的實驗報告。據說**被斷了頭的人，在死後約十五分鐘時，還有瞳孔反應與條件反射**。瞳孔的反應與條件反射並不等於還有意識，但顯示出人體還有某些反應。不過，十五分鐘也是相當長的時間，在這種情況下，究竟什麼時間點才算「已經死亡」呢？

就算只有幾秒的時間，假如當時「知道自己的頭顱落下」，代表是有意識的，那麼斷頭臺就還稱不上是人道的死刑方式。在法國，直到一九八一年廢除死刑之前，一直都以斷頭臺行刑。

也有人認為，日本的絞刑或美國的電椅似乎比較人道，其實也不見得。絞刑的死因並不是脖子被束縛導致窒息，而是脖子骨折；至於電椅也不一定一次就能成功，所以都稱不上人道。

發明自殺機器的醫生

有一位美國的病理學家傑克・凱沃基安，他發明了「自殺機器」，是提供安樂死的機器。

這個自殺裝置有兩種，分別命名為「死亡機器」（Thanatron，源自希臘文Tanatos）與「慈悲機器」（Mercitron，源自英文Mercy）。

死亡機器會使用藥物。首先為患者架設點滴裝置，滴入生理食鹽水，由患者自行按壓開關，並在一分鐘以後開始滴入「硫噴妥鈉」（麻醉劑）。硫噴妥鈉注入身體以後，患者會失去意識，進入昏睡狀態，接著，裝置開始自動滴注氯化鉀，最終患者將因心臟病發而死去。

實際上，有兩名癌症末期的患者使用這部機器結束生命。儘管凱沃基安主張自己進行的是安樂死，美國密西根州依然撤銷他的醫師執照，因此他無法再取得藥物，從那時起，死亡機器再也沒有被使用過了。順帶一提，據說這部機器的造價只有三十美元。

另外一部慈悲機器，則是利用一氧化碳中毒的原理。當患者戴上連接一氧化碳鋼瓶的面罩以後，氣閥一開，患者就會死於一氧化碳中毒。凱沃基安主張這是安樂死，因為患者是在喪失意識以後才死亡，但是醫界的倫理上是否允許醫師製造、提供這種機器，掀起了激烈的論戰。凱沃基安在二〇一一年六月三日過世，距今沒有很久。

無論死刑的方法或安樂死的方法，都處於科學或醫學的灰色地帶；到底用什麼方法才能減少痛苦，實在是個難題。

04

希特勒信奉的優生學

優生學是什麼？

優生學因為納粹德國的野蠻橫行而聞名。**優生學，是依據遺傳特性來評判個人的優劣，並且試圖排除劣等基因的可怕學問。**

優生學的創始人是法蘭西斯．高爾頓。他是達爾文的表弟，因讀了達爾文的《物種起源》受到啟發，卻不知為何往優生學的方向發展。

從高爾頓之後，許多人都主張優生學，例如發明電話的貝爾。貝爾發現，美國麻州的瑪莎葡萄園島上，聾啞人士的比例非常高，便逕自下結論，認為聽障是遺傳疾病，他還鼓勵人們不要與帶有聽障基因的人結婚。這種認知是典型的優生學考量。所有關於消除某些遺傳基因特性的行為，都是優生學的範圍。

希特勒率領納粹德國進行各式各樣的人體實驗。在一九三〇至四〇年代之間，納粹德國高舉優生學的理念，定義「不合格的人類」，對數十萬人採取強制滅種、強制安樂死的迫害行動，殘害眾多生命。

至於美國，據說有一個州在一八九六年時曾制定法律，限制患有癲癇或智力障礙者的人結婚。在日本，也曾制定不允許痲瘋病患者生子的政策，使痲瘋病患者成為被絕育的對象，甚至被強制墮胎。

日本有關墮胎的法律，過去是冠上了《優生保護法》的名稱，直到一九九六年，基於保護母體的目的，而修訂為《母體保護法》。由各國的種種法規可見，優生學曾以各種形式受到世界各地的接納，並流傳下來。

捲土重來的優生學

根據從前日本的《優生保護法》，患有精神疾病或精神耗弱的人，曾被列為絕育的對象。這條法律一路施行到幾十年前才被修訂改正。

即使到了現在，也還有其他情況逐漸成為變相的優生學。由於人們對於基因的知識大幅躍進，現代人能夠事先診斷胎兒患有什麼疾病，而這也衍生出道德方面的問題。

藉由基因檢測，現代人在某種程度上，得以篩檢腹中的胎兒是否有遺傳疾病。這是很微妙的問題。假如檢測到致命的疾病，就能預知孩子生下來將會受苦，「那麼就流產吧。」父母親可能會這麼選擇。

假如雙親都帶有某種遺傳疾病的基因，那麼孩子也罹患這種遺傳疾病的機率很高，所以現在都會安排基因檢測。像是「戴薩克斯症」，這種先天性脂質新陳代謝異常的新生兒，在六個月以前通常能正常成長，但在六個月以後，精神與身體方面的發育就會明顯緩慢，開始出現視覺或聽覺異常、無法吞嚥食物等症狀，而且有不少病童在五歲以前死亡（也有直到二十歲或三十歲才發病的例子）。

假如夫妻都罹患戴薩克斯症，那麼最好安排基因檢測。檢測方式大致為：採取人工授精方式製造受精卵，受精卵會分裂為多個細胞，形成胚胎，在胚胎早期階段時取出細胞，檢查ＤＮＡ。假如不帶有戴薩克斯症的遺傳基因，那麼這個沒問題的胚胎，就會被送到母親的子宮中。換句話說，這是「被選擇過的生命」。

為了能夠早期發現胎兒的異常疾病，會在母親懷孕第八週以後，抽取母體的血液來檢查胎兒的DNA，或是在孕期更長時採集胎盤的絨毛、羊水等等多種檢查方法。

以上檢查是為了雙親與即將誕生的孩子共同的幸福，但也無法完全撇開助長優生學的疑慮。

舉例來說，假設某人帶有遺傳疾病的基因，這代表他的雙親可能有五〇%的機率患有這個疾病，而他的兄弟姊妹，以及他的孩子也可能有五〇%的機率患病。當他透過檢測，明白自己帶有某種致命的遺傳基因時，下一步應該通知誰呢？問題就來了。

那些完全不知情，甚至可能也不想知情的親戚們，也有某種程度的機率患有相同的疾病。醫師是否該通知他們呢？這是個難題。就保護個人資訊的觀點來說，這牽涉到隱私的問題。另外，若只是通知親戚倒也還好，假如保險公司要求了解相關資訊的時候，醫院方又該如何回應呢？

通常，患有致命遺傳疾病的人，保險公司不會幫他們辦理保險。那麼，醫師應該提供資訊給保險公司嗎？因為當保險公司獲得某人患有某種疾病的資訊後，就能推知，受檢者的親戚也有很高的機率患有那種疾病。

又或者，在求職的時候，當企業發現，雇用某個人並且花費經費培訓他，他卻有可能因為遺傳疾病早逝時，企業還願意雇用那個人嗎？所以，必須考量風險承受的企業，應該會希望獲得這類情報吧。

這麼一來，本意在為人類貢獻幸福的醫療技術，或早期發現的篩檢技術，就可能因為難與現實社會完全切割，而經常衍生出優生學層面的問題。

優生學與健康保險

優生學對健康保險制度的影響，曾在美國掀起激烈的論戰。日本有全民健康保險制度，但是美國並非如此。前美國總統歐巴馬在任內已著手改革美國的健保制度，當時遇到了與優生學有關的問題。

假設某人患有遺傳疾病，他知道自己患病，也生了小孩，而小孩也患有這個遺傳疾病。這時，美國社會可能會出現以下聲音：既然知道自己的情況還生下小孩，那麼他就必須自己對那個小孩負責，為什麼要花民眾的納稅錢去支付那個孩子的健保費呢？那不關我們大眾的事吧！

在日本，這種輿論應該不會出現。因為日本實行的是全民健保制度，動用稅金去幫助受疾病之苦的人或重症患者，是理所當然的事情，因為這已獲得國民的同意。

不過，美國是個人主義非常強烈的國家，不允許浪費稅金，當時針對健保制度有無浪費，存在爭議。在這種時候，優生學主義勢必捲土重來，於是出現「普篩國民的遺傳基因吧！這樣才能避免遺傳病童出生，也不會讓稅金被浪費」之類的輿論。

優生學反而加重歧視

以下的草率輿論也曾發生過。「Y染色體」是決定成為男性的性染色體，一九六〇年代時曾出現這種說法：Y染色體比一般人多的人是「猛男」，而「猛男＝暴力」，所以犯罪機率也比較高。

現在，這個論點已經被推翻。雖然當時確實有研究發現，監獄囚犯中Y染色體異常的人數頗多，不過，這完全是站在優生學觀點的研究。

憂鬱症也是，曾經有很長一段時間，憂鬱症被認為跟遺傳有關，但是現在已經認為，並沒有足夠明確的遺傳因素；思覺失調症也是如此。人們曾經也認定同性戀是遺傳造成的，但現在也並沒有這樣的定論。

從以上歷史來看，人類似乎有怎樣都想往優生學方面發展的傾向，一旦過度偏向這方面，就會引發社會問題，歧視問題也浮出水面；隨後，相關法律會修正，或者因為新的研究結果，反駁某些遺傳論點，讓優生學的思維漸漸削弱。只不過，優生學在之後還是會以不同的形式，改頭換面再度復出。

曾經有知名的科學家天真的表示，未來的人類能設計自己孩子的遺傳特性，生出超級人類。這一番話也是澈底的優生學主張。

總之，可怕的優生學會一再的重新登場。我們必須小心應對，以免自己在不知不覺中加重了社會的歧視。

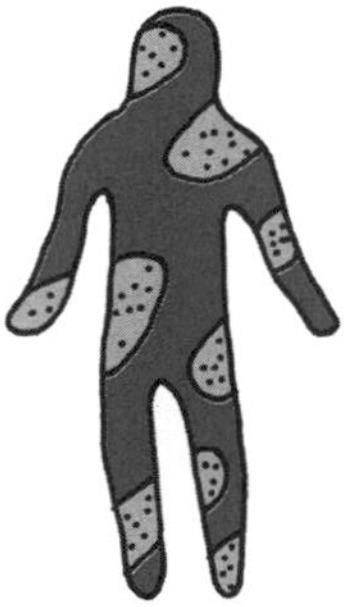

05

由動物傳給人的強毒型流感

危險的新型流感

二〇〇九年，世界上出現新型流感，引發極大的恐慌。回顧那時，病毒（Ｈ１Ｎ１）的致死率其實和季節性流感一樣而已，有必要驚慌成那樣嗎？為什麼會引發大恐慌呢？

那是因為這個新型流感的家族當中，有一株叫做Ｈ５Ｎ１的怪物病毒，它是造成恐慌的源頭，全世界的研究者無不對它感到戒慎恐懼，因為它的致死率相當高。話說，流感病毒原本是從鳥類世界傳過來的，不過鳥類的疾病很少會直接傳染給人類，通常是由鳥類傳染給豬隻，然後再由豬隻傳染給人類的。

一九一八到一九二〇年間，「西班牙流感」在全世界大流行，奪走了數千萬人

的性命。最初對它的認知只是一般感冒，而病毒是弱毒型而已，沒想到，後來它竟然奪走了眾多人命。**H5N1流感病毒的毒性則比西班牙流感更強，更可怕**。

流感病毒依毒性強弱可分為弱毒型與強毒型。弱毒型病毒能造成呼吸器官發炎，例如喉嚨痛、鼻塞，進一步導致支氣管發炎，情況嚴重時甚至會導致肺炎，雖然只有呼吸系統受損，還是可能致人於死；至於強毒型病毒，能夠附著在其他器官，造成出血，由於它能攻擊全身，所以致死率非常高。

一星期就能擴散全世界？

在過去，無論任何一個地區出現疫病流行，基本上疫情可被封鎖在當地。然而現在，飛機所建構的交通網路非常發達，一星期的時間內，感染病毒的人可以從地球的一端移動到另一端。這個情況下，幾乎無法阻止病毒擴散，可是，為什麼沒辦法將病毒防堵在機場邊境呢？

原因是，一旦發現疫情，就代表已經達到擴大感染的階段，也就是已經有身上帶著病毒的人移動了。可以這麼說，當世界上的某一個地區，確定有新型流感

H5N1正在流行的時候，已經有人搭飛機來到日本了，現代人移動的速度就是這麼快！

因此，有些研究人員甚至認為，二〇一〇年流感爆發時，在機場實施的溫度測量也無法阻止疫情擴散。

根據推測，一旦新型流感H5N1爆發大流行，最糟糕的情況恐怕會有六十四萬至二百一十萬人死亡——而這還只是針對日本的預估數字而已。在這種情況下，日本整體GDP恐怕將下滑四%。

那麼，日本準備了什麼樣的對策來因應呢？以新型流感H5N1為例，據說厚生勞動省儲備了一千萬人份的疫苗。但是在使用順序上，規定優先供應給醫師與護理師等，也就是醫療從業人員，這是理所當然的；接下來的順位是輪到國會議員與政府公務人員；所以很遺憾的是，儲備疫苗輪不到一般人使用。

對於剩下的一億多名日本民眾，厚生省的對策是，在感染者發病後使用抗病毒藥（克流感或其他抗病毒藥）。只是，病毒會不斷突變，**恐怕後來會出現對於克流感具有抗藥性的病毒**。雖然當初的規畫是用藥物克流感來因應，但由於

Ｈ５Ｎ１型流感至今未在人類世界擴散開來，所以實際效果如何，無法得知。這是一場貓捉老鼠的遊戲，當然也可能發生病毒發展出抗藥性的情況。

日本的預防政策曖昧不明

Ｈ５Ｎ１病毒引起的流感，現在正式名稱為Ｈ５Ｎ１型禽流感，因為目前的傳染情況基本上只限於禽鳥世界。

不過，它從禽鳥傳給人類也是有可能的。目前已知，有多起禽流感病例未經過豬隻，就直接傳染到人類身上，所幸目前還未有人傳人的病例。不，聽說其實也傳出可疑的人傳人病例。開發中國家對於病例數據可能有所隱瞞，但至少日本還未發現人傳人的病例。

要是Ｈ５Ｎ１型禽流感發展到人傳人的階段，那事態就非常恐怖了。到時它的名稱將從禽流感改成新型流感。由於目前都是由鳥類傳染給鳥類，由鳥類傳染給人類的情況很罕見，所以只要將受感染的人隔離起來就好。但是，萬一病毒能輕易人傳人，情況就很難控制了，病毒會在瞬間擴散，導致死亡人數大增。

如今，我們偶爾能從新聞看到，大規模撲殺感染禽流感之家禽的消息。把有些許染病疑慮的鳥類全數撲殺，除此之外，別無他法。既然禽流感在鳥類世界橫行，那麼它入侵人類世界，恐怕也只是時間的問題而已。

因此，防範於未然的作為非常重要。各國對於H5N1型禽流感的對策有所不同，有些國家採取預防性接種疫苗；有些國家則是在出現疫情後，針對病毒製造抗病毒藥物來使用。

舉例來說，美國認為「採取預防措施太勉強」。為了預防，一般會針對當下的H5N1型禽流感病毒來製造疫苗，但考量到病毒之後可能會突變，即使先準備了大量疫苗也無濟於事。

但是瑞士認為，全國民眾都應該先接種疫苗再說，雖然病毒多少會發生突變，事先接種疫苗至少能降低死亡率。

這在判斷上的確不容易。假如採取瑞士路線，就必須花費龐大的資金生產疫苗，然而一旦預防無效，就必須有人為這項無效的決策負責。估計每位日本民眾的疫苗費用落在一千日圓左右。可以想見的討論話題有：要每位日本人花一千日圓買個心安嗎？就算是浪費了這筆費用，也不會去責難決策者嗎？

遺憾的是，以現今的日本社會來說，決策者勢必受到責難。輿論恐怕會責難厚生勞動省的官員或委員會，以「怎麼如此浪費稅金」為由糾正或彈劾他們。在這種壓力之下，恐怕是任誰也不想去擔負相關決策的責任吧。

疫情大爆發會如何？

一旦致命性的流感大爆發，日本製造疫苗所需的時間大約是半年，換句話說，**將有半年的時間，日本民眾必須自己設法活下去**，根據前面提到的數據，估計會有六十四萬至兩百一十萬人因流感而死亡，萬一自己不幸成為其中之一……故事就完結了。

再次說明，人類目前還處於邊境防禦的階段。為了不讓病毒從鳥類世界侵入人類世界，只要家禽飼養場傳出有病毒，就採取全數撲殺的方式因應。或許有人會質疑「這樣會不會反應過度？」不會的，要是不盡力防止病毒傳播，病毒恐怕會立刻蔓延到人類世界。

然而，現在的時代是只需要一星期的時間，流感就能從地球的一端傳播到另一端。萬一其他國家沒有妥善的因應措施，我們也將束手無策。一旦出現感染者，在先進國家，官方必須公布消息，並且遏止感染源；但是開發中國家未必會這麼做，還有可能封鎖消息，甚至消除訊息。這樣的話，病毒總有一天會進入人類世界——說不定早已進入了。**面對侵襲全世界的傳染病，最恐怖的情況莫過於國家層級的資訊隱匿了。**

刻意製造藉空氣傳播的強毒型病毒

在二〇一一年九月之後，傳出兩起震驚世人的動物實驗。荷蘭與日本（與美國共同研究）的研究團隊陸續製造出，能在雪貂之間互相傳染，並藉由空氣傳播的H5N1突變病毒株，科學家將包含詳細數據的論文投稿到權威性的學術期刊《科學》與《自然》。

日美共同研究團隊是對二〇〇九年的新型病毒植入部分H5N1病毒，結果發現，造成雪貂之間的感染機率上升，但是並未發展成毒性很強的病毒。

荷蘭的研究團隊則是稍微修改了H5N1病毒的遺傳基因，並直接朝雪貂噴灑病毒，結果確認這株病毒的致死率相當高，不過據說還未達到藉由空氣傳播的程度。

問題是，把這樣危險的實驗結果鉅細靡遺的公開發表，是妥當的嗎？在圖書館內就有收藏這些學術期刊，**萬一有心策畫生化犯罪的恐怖分子參考了論文，製造出「殺人病毒」，將會是無法挽回的局面**。

我們來談談研究病毒的場所，相關研究機構中的生物實驗室，依照安全性分為四個層級。

第一級實驗室的實驗對象是「不會致使健康成人生病的微生物」。只要身穿實驗白袍，手戴手套就能進行研究。

第二級實驗室的研究對象是「已有療法，會對人類造成輕微疾病的病原體」（如急性脊髓灰白質炎病毒、季節性流感病毒）。須在生物安全櫃內進行實驗，實驗室管制出入。

第三級實驗室的研究對象是「已有療法，會致使人類重症的病原體」（如結核菌、炭疽病毒）。實驗廢棄物及實驗服必須經過消毒處理。

第四級實驗室的研究對象是「無治療法，會致使人類重症的病原體」（如伊波拉出血熱病毒、立百病毒）。進行實驗時必須穿著連身防護衣，並配戴正壓空氣呼吸器！

剛才提到的H5N1病毒研究，就是在第三級實驗室中進行的。聽起來很恐怖，但實驗室會進行管控，出入口的氣流由外向內吹，可避免實驗室內的空氣外洩，汙染到外部環境。

一旦實驗室的層級拉升到第四級，就會需要造價高昂的設備，因此這層級的研究進程往往較為停滯、緩慢。

據說，經過好一番討論，那兩篇論文到最後依然登上期刊。這個案例警示了世人，科學與恐怖行為連結的風險。

06

小兒麻痺疫苗的悲劇

日本的疫苗種類

小兒麻痺症（急性脊髓灰白質炎）是幼兒患病率較高的疾病。它會侵犯中樞神經，起先引起類似感冒的症狀，最後可能會造成手足麻痺，相當可怕。

儘管小兒麻痺病毒在日本已經根除，但二十一世紀初期依然每年約有四人發病。原因竟是出在集體預防接種！原本是為了守護孩童的預防接種，為什麼反倒出現感染者呢？

二〇一二年之前，日本依然只使用活體小兒麻痺疫苗（沙賓疫苗）。**這是將小兒麻痺活病毒減低毒性，所製成的疫苗，由於依然殘留毒性，還是有機會導致發病，儘管情況極為罕見。**依據日本厚生勞動省所公布的數據，機率上每四百四十萬人中會出現一人發病，ＷＨＯ所公布的數據是每一百萬人中出現一人發病。

危險的情況不僅如此。由於接種活體疫苗的方式是用口服的，所以病毒也有可能透過孩童的糞便感染家人，例如，某個年代出生的母親並沒有服用過小兒麻痺疫苗，身上沒有免疫力，但病毒卻透過孩童的糞便感染母親了。說來真糟糕，在先進國家中，當年延續使用活體小兒麻痺疫苗的國家只剩日本。

至於其他國家，早已很有意識的更換成「非活性」小兒麻痺疫苗（沙克疫苗）。非活性是已經喪失活性的意思，非常的安全。挪威與瑞典早在半個世紀以前就已經引進非活性疫苗，而美國也在二〇〇〇年以前全面更換了。**只有日本遲遲拖延換成非活性疫苗的時間。**

結果就是，先進國家中只有日本還有發生小兒麻痺症，這樣悲慘的情況。

即使機率上每年只有四人感染，再怎麼說那四人就是發病了，也會留下後遺症。機率的數字雖然低，但是對發病的孩童以及他的家人來說，肢體麻痺的痛苦會持續一生，僅單純用「數字」去計算人生的思維，是讓人難以接受的。為什麼日本明明有餘裕換成非活性疫苗，卻強迫國民去賭那麼恐怖的小兒麻痺輪盤呢？

我的家庭在二〇一〇年誕生了女兒，於是我在二〇一一年三月與四月時，決定購買從海外進口的非活性小兒麻痺疫苗，寧願自費施打也要避免可能的風險。不知道是否因為看破國家改革的龜速，日本也有一些小兒科醫師自行從海外進口非活性疫苗提供民眾接種。沙克疫苗施打三劑後，能將感染的機率降到非常的低，這麼一來，可避免因為在幼兒園等場所接觸到口服活體疫苗之孩童的糞便，而受到感染，其他形式感染的風險也可降低。

日本不引進非活性疫苗的理由是？

施打非活性疫苗明明就很好啊！究竟日本厚生勞動省為什麼遲遲不肯更換呢？或許真相才是真正的恐怖吧。我推測是，過去日本曾發生過好幾次疫苗產生副作用的問題，最後被判決由國家賠償，或許這層顧慮使得厚生勞動省的態度退縮，決定盡可能減少疫苗接種吧？也就是說，增加疫苗施打數量，可能得面對副作用的問題，官方可能不希望碰觸問題，寧願讓日本的疫苗政策獨自落後世界。

不過這的確是個難題。疫苗總是會出現副作用，沒有辦法斷言，非活性疫苗就絕對不會出現副作用。但如果評估後，疫苗所帶來的不利的副作用，小於它所帶來的好處，許多情況下還是會選擇引進疫苗。只是，當出現嚴重副作用，厚生勞動省被提起訴訟，並被判決賠償時，相關負責人也會被追究責任，或許就是因為這個緣故，國家對於引進疫苗才會如此慎重。

還有一個讓人半信半疑的推測。由於當時外國已經在實行非活性小兒麻痺疫苗接種，假如直接進口疫苗，日本的製藥公司就賺不了錢，所以，國家政策決定在日本的製藥公司開始生產非活性疫苗以前，不引進非活性疫苗，有這種考量的可能性。

腳步遲歸遲，在二〇一二年日本厚生勞動省終於還是請製藥公司開發出綜合預防白喉、百日咳、破傷風、小兒麻痺症的四合一疫苗了。現今，這款四合一疫苗已經取代活體小兒麻痺疫苗。

在現今的日本，不只針對孩子，其他人也應該基於自己的科學與醫學知識去接種疫苗。**守護重要的家人這回事，可不能一味交給國家就好**。我們是不是也應該了解其他國家的情況，並找個信賴的醫師商量比較好呢？

當時我看著年幼女兒的身影，想到要是這孩子因為國家的政策失當，變得手腳麻痺了……我不禁感到害怕擔憂。

Part 3

有關宇宙的恐怖話題

01

穿著一般衣服進太空會如何？

人類無法在太空中生存的原因

這個問題或許太突然了些，但是還是請各位思考看看：假如太空人穿著一般的衣服飛上太空會怎麼樣呢？這樣的情景其實在導演史丹利・庫柏力克所執導的科幻電影《二〇〇一太空漫遊》（小說原作者為亞瑟・C・克拉克）中出現過——主角在人工智慧HAL的計策之下，被迫以肉身漫遊太空。不知道各位是否看過這部電影？會不會懷疑人類真的有辦法在那種狀態下存活嗎？還是認為，追求寫實的庫柏力克導演不會欺騙觀眾，所以那一幕應該符合現實情況吧？

另外一部科幻電影《魔鬼總動員》（小說原作者為菲利普・K・狄克）也出現過電影角色被釋放到火星表面，於是臉部膨脹，眼珠子快要掉出去的場面。這是基於「火星的大氣稀薄，氣壓較低」而來的。假如以這概念再去思考：要是被釋放到近乎真空狀態的太空中會怎麼樣？是不是會覺得，眼珠子應該會瞬間飛出去，身體也會瞬間爆裂吧。那麼，究竟哪部電影演的才貼近真實呢？

我們不妨以科學的觀點來思考這個問題吧。如果太空人因為某種原因脫離太空站，當然是會立刻死亡的。不過，究竟是多久以後會死亡？死亡原因又是什麼呢？關於這個問題，有幾種說法。

說法①：太空屬於真空狀態，所以會因身體爆裂而死。

說法②：太空的溫度低到零下二七〇度，非常寒冷，所以會被凍死。

說法③：太空中沒有空氣，所以會窒息而死。

請問各位讀者，你認為哪個是正確答案呢？

答案是③：窒息而死。首先，太空屬於真空狀態，所以太空人一旦以肉身狀態飛出太空站，存在肺部中的空氣會膨脹而導致肺部受傷，但是，這並不會讓太空人立刻死亡。再來，人類皮膚的結構強韌，即使進入真空狀態，皮膚也承受得住，不會爆裂開來。

那麼，為何不是被凍死呢？的確，外太空的溫度只有零下二七〇度，但是，必須要有空氣把熱能傳導出去，我們才會覺得冷，既然太空沒有空氣，也就難以導熱，所以人不會那麼容易就覺得寒冷，也就是說，太空缺乏傳遞熱能的導熱物質⋆。

所以答案是：**因為太空缺乏空氣，人類大約會在兩分鐘內窒息而死**。死亡之後，身體也會逐漸冷卻，最後應該也會逐漸膨脹吧。當然，人類無法實際驗證。

根據ＮＡＳＡ所做的理論研究與動物實驗指出：一旦以肉身進入太空，肺部將會膨脹而受損，然後因為氣壓急速下降而罹患潛水夫病。

還有一種說法認為，血液中會形成氣泡，而且沸騰。但在短時間內，還不會達到沸騰程度，因此，最先的致命原因，是因為沒有空氣可呼吸。

所以，電影《二〇〇一太空漫遊》的場景——肉身曝露在太空中——由於時間短暫，所以應該還應付得過去。果然，庫柏力克導演是以嚴守科學真實性的態度在拍攝電影呢（或許應該說是原著的描述是真實的。不過，電影逼真細緻的程度也叫人敬佩）。

只是，在太空中，還是要閉上嘴巴比較好，因為張嘴可能會發生唾液沸騰的危險；同樣的道理，眼睛也最好閉上，因為淚液會被蒸發。閉上眼睛、閉上嘴巴、屏住呼吸的話，有機會在太空中跳躍達一百公尺高度。

順帶一提，**太空中最恐怖的應該是太陽的直射光線**。大量的宇宙射線都來自太陽，屬於輻射線。

強烈的輻射線會損害皮膚和眼睛。想像一下，太空船鎖住，太空人被留在外面的太空中，必須從其他艙口進入太空船，這個情景實在令人害怕！不過，根據NASA的研究，至少還有兩分鐘的求生時間，或許還有機會找到活路吧？

★編註：熱的傳遞有三種方式：熱傳導、熱對流、熱輻射。由於太空中沒有任何介質，無法經由傳導、對流的方式傳熱，是以電磁波方式向外輻射熱能，也就是熱輻射。

02

去程興致勃勃，回程膽顫心驚的黑洞之旅

黑洞是怎麼產生的？

提起宇宙中的恐怖分子，黑洞堪稱為代表。黑洞是天體的生命走到盡頭時，演變成的狀態。一個比太陽還要重很多的天體，當它內部的燃料全數燒盡時，會發生超新星爆炸，天體碎屑飛散以後，開啟的「時空洞穴」，就是黑洞。

在說明黑洞的恐怖以前，下面先簡單說明天體變成黑洞的過程吧。天體的內部好比是一座「熔爐」，首先是燃燒最輕的氫氣，氫氣燒完後，接著燃燒氦氣……燃料如此一個接一個替換。雖說是熔爐，但真實情況與煉鋼廠相差很多；而「燃燒」這個詞也是比喻，在天體內發生的反應實際上是「核融合」。

地球上還沒有發展出可實際應用的核融合反應爐，然而，**太陽發亮的原理就是核融合**。當小的原子核互相融合，變成其他更大的原子核時，會產生能量並釋放出去。

核融合的原理，是愛因斯坦提出的$E=mc^2$公式。$E=mc^2$（與牛頓的$F=ma$並列）為世界最知名的公式。E代表能量；m代表質量，在這裡請將質量想成重量就好了（假如是從地球到月球的情況，雖然質量不變，重量卻會變成只有原來的六分之一而已。在科學領域，質量與重量有明確的分別，但為了避免用詞太專精，反而把內容變得太恐怖，所以本書盡量靈活、寬鬆的使用詞語）；c則代表光速，光速是每秒三十萬公里，可以換算成九十萬馬赫（音速）。

我經常看到理組相關系所的學生穿著印有這道公式的T恤到處走，說實在的，這公式可恐怖了！

這話怎麼說呢？舉例來說，把一公克重的物質全部轉換成能量，即E時，必須乘以「c的平方」，因此，**僅僅一公克的物質就足以產生莫大的能量**。這個「莫大」令人感到恐怖。

當小原子核互相融合以後，質量會減少——也就是會有質量消失的意思，但不是憑空消失，而是以能量的形式釋放出來。

只是，無論再怎麼燃燒，能夠利用核融合釋放能量的物質，只有元素週期表當中，排序在鐵元素以前的物質而已。從比較輕的元素開始燃燒，可能會在早期階段爆炸，假如進行得順利，比較輕的元素能夠完全燒盡，在最後留下鐵元素的「殘渣」。但是，燒到鐵元素後，天體內就沒有可燃燒的燃料了，能源用盡時，天體就會死去，無法再繼續發光。

天體在發光閃耀的期間，會因為內部的核融合而向四周釋出能量，因此對外部產生一個壓力。這個情形好比膨脹的氣球，內部的氦氣形成的壓力勝過周圍的大氣壓力。

當氦氣的壓力消失以後，氣球就會被周圍的大氣壓力壓扁而縮小。同樣的，當天體不再發光，就會因為自己的重力而塌縮。

這也是光想就很可怕的情景。**想像一下，地球的地面同時間崩塌、陷落深淵的畫面**，非常慘烈吧！接著，請再想像同樣的崩壞畫面發生在太陽的表面；再來是，重量為太陽的十倍或千倍的巨大星球，表面因為重力而崩壞的景象……這簡直就是宇宙等級的恐怖啊（對了，地球和太陽都算輕，所以不會因為重力而崩壞，各位可以放心）！

當天體塌縮，內部原子也被壓縮得更小。但是，無論原子再怎麼縮小，原子核的部分還是硬的——就像孩子們捏在手裡把玩的棉花糖，並不會被壓縮到完全不見一樣——壓縮到一定程度的原子會反彈回來。

這個反彈就是所謂的超新星爆炸。超新星爆炸時會發出相當閃亮的光芒，日本平安時代末期的藤原定家，曾經留下超新星爆炸的記載，那夜的天空閃亮得有如白晝（據說不是他親眼目睹的現象，是收集傳聞）。順帶一提，超新星爆炸有好幾種情形，這裡所描述的只是其中一種。

一旦跨入就出不來的「事件視界」

在超新星爆炸之後，會誕生黑洞，時空中打開了一個洞的狀態。好比非常重的物體聚集在非常狹小的地方，結果穿出一個洞的概念。

拿錐子在木材上的一點集中施力，能鑿出洞來，黑洞的概念就是那樣——能量集中在時空的某一點，於是穿出一個洞來。

黑洞的周圍存在「事件視界」，那是**只要跨入一步就出不來的界面**。

黑洞跟星球一樣，也有表面。星球的表面是由各式各樣的物質凝固而成的地面，也包含大氣層——由大氣組成的表面。

黑洞則有「看不見的表面」，這就是事件視界，距離黑洞中心相當遠。雖然眼睛看不見它，一旦跨越了，就再也出不去！因此，它被稱為「宇宙的陷阱」，確實是出發時覺得興致勃勃，回程時卻感到膽顫心驚。

而且，假使你因為某種緣故進入黑洞裡面，你並不會知道自己已經跨越了事件視界，在穿越界面的過程中，你不會發現到任何改變，也不會感覺到重力突然變強。

在科幻電影或動畫中常以巨大的黑色洞穴來表現黑洞。「黑」洞的命名由來其實是代表「沒有任何光線能夠逃離」，所以覺得它應該看起來是一片漆黑。實際上，因為沒有光線，我們是「看不見」黑洞的，那麼，我們該怎麼觀測黑洞呢？如果黑洞周圍伴隨著恆星（聯星系統），它們會互相圍繞彼此旋轉，但是黑洞會一邊繞，一邊吸收相伴恆星的物質，有如吸血鬼一般，差別在於黑洞吸的不是血，而是物質……。

物質被吸入黑洞時會變得很熱，並且向四周釋放出X光等各種射線，所以，在這個時候，我們就能藉由偵測X光，得知「某顆恆星正被吸收」，而正在吸收恆星的東西便是「黑洞」。因此，儘管黑洞沒有辦法直接被觀察到，但是可以用間接的方式推斷它的存在（被吸入黑洞的光線，會因為重力偏轉形成陰影，我們也有機會藉此看見事件視界的「剪影★」）。

各位不妨猜想看看：未來到宇宙遙遠的一方出任務的太空人，會是什麼情況？假如宇宙圖上有標註黑洞位置，太空人就能避開。但是宇宙圖上未必能標明所有黑洞，就像在地球上，也有沒被畫在航海圖上的島嶼，不是嗎？

假如不知道黑洞的存在，可能就會在不知不覺中穿越「事件視界」，過了一

★編註：2019年，科學家首次利用「事件視界望遠鏡」，拍攝到黑洞——黑洞的剪影。

段時間後才會懷疑，是不是有點不對勁呢？但是，到這時才想改變太空船的方向，已經太遲了，因為**即使試圖轉向，設法回到原來的航道，也只會被吸進黑洞深處，再也回不去**。

此時的太空人，想必會經歷恐懼和絕望：完了！再也見不到地球上的親人朋友了，甚至連自己掉落黑洞的訊息都沒辦法傳送給他們知道（因為通訊電磁波也無法離開黑洞）。

太空船掉落黑洞的景象，可以想像成一條小船墜落瀑布。河流下游有瀑布，瀑布附近的水流速度會突然加快，船上的人，在某個時間點之前，只要盡全力划槳，還能返航；不過，一旦越過「分界」，小船就會被急流吞噬。

黑洞的事件視界就等於那道分界，在這裡要是能夠警示「危險！請勿越界」就好了，可惜並沒有這樣的事。總之，張著大嘴在等太空人的陷阱，就是黑洞！

被擠壓成麵條人？

讀到這裡，仍不覺得恐怖的人，或許從容不迫的這麼想：「雖然回不到原來的世界，至少也沒死掉，所以也還好吧？」殊不知，更恐怖的祕密還在後頭呢！

黑洞裡面是怎麼一回事呢？其實到現在都還是未知的世界。不過，科學家依據理論，試著推測穿越「事件視界」進入黑洞裡的太空人會發生什麼事。

剛穿越事件視界後，重力還不是很強，太空船還能維持原來的形體，但這時就算掉頭，火力全開的噴射加速，太空船還是會不斷的被吸往黑洞的中心；而愈接近黑洞的中心，重力就愈強，太空船會被一股力量抓住——這稱為潮汐力。潮汐力跟天體引力的作用有關，例如月球的潮汐力會影響地球的海洋，發生漲退潮的現象。

在地球上，面向月球部分的海平面會被吸引漲高，而背對月球的海平面也會漲高（容易被忽略的盲點），這是潮汐力的特徵。可以**想像成有一隻大手猛力攫住地球，而物質從大拇指與小指這兩側被擠出來**。

一九九四年，蘇梅克－列維九號彗星（ＳＬ９）經過木星附近時，被分裂成碎片，就是因為小隕石被大型天體的潮汐力給捏碎了。換成黑洞也是同樣狀況，而愈接近黑洞中心時，潮汐力愈強。

誤入黑洞的太空船下場很令人哀傷。它不但會被潮汐力捏碎，還會被拉長，最後變成分子寬度的細長麵條狀。**構成太空船的分子，以及組成人體的分子，會被壓成長長的串珠一般，最後變成細長的麵條狀，逐漸被拉往黑洞的中心**。

目前並不知道黑洞的中心是什麼樣子，據說裡面存在一個「奇點」。所謂**奇點，是能量或溫度變得無限大，已經不適用物理法則的奇異的點**。換句話說，就是「不知道會變成什麼模樣」。不過，奇點是由數學理論預測而來，也可能實際上並不存在。

另外，也有假說提出，黑洞的正中心可能和另外一個宇宙相連，假如真是如此，那麼將會形成一幅奇妙的景象。

請參考左頁的插圖。把黑洞想像成一個窟窿，底部連了一條管子（圖①），管子一直延伸，最後變細，中間斷開（圖②），於是分成兩個部分。

最上方是我們所居住的宇宙，中央黑洞的底部延伸出一條管子，管子斷裂以後形成了另外一個宇宙。也有人推論，另一個宇宙開展的模樣就是大霹靂（Big Bang）。

宇宙從黑洞中誕生？

①

②
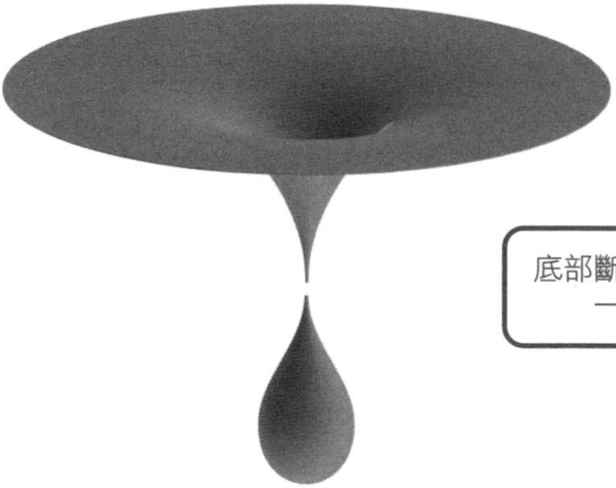

【參考】http://revolution.groeschen.com/2009/05/15/birth-of-a-universe.aspx

這個宇宙稱為「子宇宙」（相對於原來的母宇宙）。也就是說，變成分子狀態、呈現麵條狀的人體與太空船，可能會再次在另外一個宇宙中，藉由大爆炸，轉變成純粹的能量而釋放出來。假如到了這一步，已不知道是要害怕，還是應該懷抱夢想才好。

人造黑洞？

以上的說明都只是推論。沒有人去過黑洞探險，所以誰也不知道真相如何（就算去探險，也回不來）。即使能發射觀測裝置，代替人類深入黑洞，但觀測裝置發出的電磁波也無法從黑洞傳出來，所以，我們還是沒辦法知道黑洞內部的模樣。

不過，假如科學持續發展進步，說不定未來就能以人工的方式製造黑洞。因為黑洞是巨大的能量集中在時空的某一點所形成的，那麼製造黑洞應該不是極為困難的事。座落在法國與瑞士邊境的歐洲核子研究中心（ＣＥＲＮ），就擁有一座巨大的粒子加速器——大型強子對撞機（ＬＨＣ），用來進行讓質子在隧道內高速運行，然後互相對撞的實驗，那座隧道全長約二十七公里，規模大約相當於東京的山手線鐵路。質子會被加速到九九．九九九九%的光速，然後對撞，預估這樣能夠撞擊形成迷你黑洞。

只是，這樣製造出來的黑洞規模太小，可能一瞬間就消逝了。知名的物理學家史蒂芬．霍金博士也曾說過，**隨著時間經過，黑洞會「蒸發」**。

在「量子力學」領域的相關計算結果顯示，會有非常微量的輻射線從黑洞的周圍，也就是事件視界洩漏出來，科學界以霍金博士之名，將洩漏出的微量輻射命名為「霍金輻射」。向周圍釋放輻射，代表能量會減少，而能量減少的黑洞會逐漸變小，最終消失。因此，迷你黑洞會在短時間之內就消失不見。

如果沒有霍金輻射，地球上的實驗室所製造出來的黑洞將會「不停的吞噬」。假設不斷吸收物質的黑洞會漸漸壯大，那麼小小的黑洞，首先會吸入研究中心的建築物和人，而使規模變得更大，然後會吞沒瑞士與法國，最後說不定連整個地球都會被吞掉，這實在很可怕！

但是，如果霍金輻射的機制正常運作，以上假設的悲劇就不會發生。物理學家普遍認為霍金輻射是成立的，因此，即使有迷你黑洞生成，也會在它吸入周圍的物質以前就自然消散。

不過，似乎也有人並不這麼認為。美國夏威夷州曾發生一起訴訟，有人向法院提出「一旦催生出迷你黑洞，也有使地球被黑洞吸掉的可能，必須停止這種實驗」。最後審判結果是「CERN的計算結果值得信賴，假使有黑洞生成，也會因為霍金輻射而消失，所以不用擔心」。

但是，萬一因為某種緣故，沒有出現霍金輻射現象，那不就毀了嗎……想到這裡，一絲不安掠過心頭，人造黑洞還是令人覺得恐怖！

銀河系的中心有黑洞！

黑洞可以用幾道公式來描述，而且只要知道黑洞的質量，就能計算出黑洞消滅的時間，愈重的黑洞，愈久以後才會消失。所以，要是有大到某種程度的「流浪黑洞」往銀河系移動，甚至進入太陽系，那可就危險了！因為它需要數億到數十億年才會消失。不過，大型黑洞比太陽還要重很多，隨著它接近太陽系，透過天文觀測，應該可以預先觀測到它造成的影響。另外，接近黑洞的天體說不定會受到影響而大幅度改變方向，像F1賽車行駛髮夾彎那樣遠離黑洞，所以倒也不一定全都會被黑洞給吸進去。

順帶一提，我們所生存的銀河系的正中心，就有一個黑洞。由於它的質量有幾百顆太陽那麼大，實在是太巨大了，所以我們很難具體想像出它的體積，還有重力會是多麼的強。對於它周遭的天體來說，它的確是個很大的威脅，所幸我們的太陽系位在銀河系的邊緣地帶，距離黑洞非常遙遠，還不至於會被影響，應該可以放心。總之，最最恐怖的黑洞，應該是直逼太陽系而來的流浪黑洞吧？

星系會相撞！

再來聊一些星系層面的恐怖話題吧。

我們所在的銀河系，旁邊是仙女座星系，**銀河系與仙女座星系因為重力而互相牽引著，兩星系的距離不但正在逐漸接近中，而且未來將互相碰撞在一起**。根據估計，兩星系正以大約每秒三百公里的速度接近當中，也就是從現在算起大約三十億年以後，就會相撞。

天啊！我們的銀河系會跟旁邊的星系相撞？是的，有這麼一回事！當然，在你我的有生之年都無法親眼見到，但是在未來，一定會發生。只是，不知那時候是否還有人類存活？

剛剛提到**星系會相撞，但有意思的是，星球之間幾乎不會相撞**。看看銀河系的照片，它似乎是由許多星球密集的聚在一起；然而實際上，星系中的星球分布是很疏鬆的。因此，即使星系之間相撞，但星球之間幾乎不會碰在一起。若要比喻，就好像政權交替的感覺，雖然造成國家整體重大的變化，但是每個國民的生活，幾乎沒有發生太大的改變。不過話說回來，星系相撞應該會造成星系的形態改變，例如，原本是漩渦形的星系，可能一撞之後變成了橢圓形，這稱為星系的「重組」。

一旦星系互相融合，位於星系中心的巨大黑洞也可能會合併，變成更大的黑洞。宇宙中實際上存在許多超大質量黑洞，可以說到處都有巨大黑洞的程度。那麼，巨大黑洞的四周是否有星球聚集成星系？為什麼會形成巨大的黑洞？這些疑問到現在都還沒有詳細的解答。

這一節在聊星系相撞的話題，乍聽之下覺得恐怖，聽完以後是不是又覺得其實也沒那麼恐怖，鬆了一口氣呢？

03 真的出現外星人會怎麼樣？

跟地球相似的行星

二〇〇九至二〇一八年，科學家透過克卜勒太空望遠鏡，收集深遠太空的數據，觀測太陽系以外的行星。克卜勒太空望遠鏡由ＮＡＳＡ發射升空，隨著地球繞太陽公轉的軌道運行★。

克卜勒太空望遠鏡的主要任務，就是探測太陽系外有沒有類似地球的行星（簡稱類地行星）。二〇一一年二月，它就發現到太陽系外的五十四顆類地行星，這代表可能存在生命的星球。

運作期間，克卜勒太空望遠鏡也陸續發現了位於適居帶的行星。不過，在太陽系內適居帶的星球，幾乎只有地球而已。

水星與金星太過接近太陽，會使水蒸發成水蒸氣；火星則是距離太陽太遙遠，會使水凍結成冰。**像地球這樣，水以液體形式存在，能孕育生命，與恆星保持適當距離，就是位於適居帶範圍**，也就是適合生命生存的環境。

太陽系外的類地行星，各方面的條件都很類似地球，所以存在太陽系之外的生命體，有很高的機率會出現在那些類地行星中。

聽到這個消息，是不是有許多人都感到興奮呢？不過，倒是有科學家認為這樣其實挺恐怖的，例如史蒂芬·霍金博士。

假設某個行星真的存在生命體，而且還是高等生物，會製造各式各樣的機器；然而，我們人類卻無法百分之百保證他們的文明在我們之下，說不定還壓倒性的勝過我們。姑且假設他們能使用人類未知的科學技術，而且已經發展出到遙遠的宇宙旅行的方法好了，他們的文明進步到那種程度，那麼恐怕也擁有破壞力

★編註：克卜勒望遠鏡一共發現了超過2600顆太陽系外行星。最後因燃料用盡，於2018年退役。接續其觀測任務的，是凌日系外行星巡天衛星（TESS）。

強大的武器吧？

喔喔，聽到這種分析，是不是開始覺得恐怖了呢？

接觸外星人會怎樣呢？

要是外星人來到地球，會發生什麼事呢？

回顧歷史，當比較進步的文明——進步有各種定義，這裡姑且以能夠運用科技武器做為標準——與比較低度文明的國家相遇時，首先，一定是把對方當做征服的對象。例如西班牙人到南美洲時就是如此，他們甚至開啟了從非洲運送大批奴隸過去的先例。

在地球的歷史上，先進文明的一方在進入科技比較落後的國度之後，秉持著倫理道德觀，與對方國家共存共榮的情況，根本就不存在。絕大部分情況，都是挾著軍事或經濟的手段去支配對方。

以地球上發生的事情放到宇宙規模來設想的話，那麼當外星人的文明比較厲害時，地球不就成為被征服的對象了嗎？至今有許多像太空探測船「航海家號」

這樣的探測器，從地球向宇宙發送「我們在這裡！」的訊息，但我不知道，這麼做究竟妥不妥當。假如有外星人接收到地球發出的訊息，而且他們還能解讀訊息的暗號的話，這樣的文明應該有能力來到地球上吧。

當外星人能解讀訊息，並且來到地球上的那一刻，就顯示外星人的文明是比較發達的。況且，假如外星人發出訊息到達地球，我們有能力獲取訊息嗎？答案是沒辦法。現在地球周圍唯一有人類存在的地方，就只有國際太空站而已，而太空站上也只有少數人駐守。偶然從宇宙的某個地方飄過來的偵察機，以剛剛好的速度接近我們，這樣的事是不可想像的，因為以機率來說實在太低了。

換句話說，假如在宇宙中有外星文明能夠接收地球所發送的訊息，並且能加以分析的話，他們的文明一定遙遙領先地球。那麼，地球不就只有被他們統治的份嗎？霍金博士之所以覺得「恐怖」，應該是基於這樣的理由吧。

說不定，我們會成為外星人的奴隸，最糟糕的情況，甚至是變成外星人的食物呢！在多數人都覺得外星人話題很浪漫的時候，像霍金博士那樣基於現實而考量的思維，似乎是很難得的。所謂現實的考量，也就是恐懼感！

利用蟲洞縮短時間

假設，地球的太空望遠鏡對著一顆遙遠的系外行星傳送光波（電磁波），例如「克卜勒－22b」，它是地球的二‧四倍大，位於適居帶，距離地球六百光年（以光速前進需要六百年才能抵達）。

以人類現今的科技水準來說，再怎麼盡快聯絡上克卜勒－22b，至少也是六百年以後的事情了。假如「克卜勒－22b星人」——姑且這麼稱呼吧——擁有比人類更高的科技，那麼他們現在所使用的通訊方式，可能是我們所無法想像的。

再來談論的，真的是科幻世界了。對人類而言，**最恐怖的情況，應該是外星人擁有開通宇宙隧道的技術吧！**正常以光速行進的情況，要花上六百年才能抵達的距離，要是他們早已找到捷徑，那可就糟了！這個捷徑就是宇宙隧道，也就是所謂的蟲洞！

蟲洞，是宇宙的蛀洞，在理論上是可能存在的。它類似黑洞，是宇宙中連結A、B兩地的隧道。要是外星人擁有開通蟲洞的技術，在接收到電磁波訊號的數年以後就能來到地球的話……那不就太恐怖了嗎！

如果對方的文明程度高，我們就會變得像是動物園的動物，不管被怎麼對待，都沒有反抗的能力。說不定人類會被囚禁，被抓去做人體實驗，甚至被當成美食吃掉都有可能哩。超恐怖的！

04

無限宇宙與有限宇宙

如果宇宙無限綿延……

請問各位，在小時候聽到「宇宙浩瀚無垠」的說法時，會不會覺得恐怖呢？我想，應該有許多人在聽完爸媽或老師說明「宇宙很大喔，不管太空船往前飛行多遠，都還飛不到宇宙的盡頭喔！」的時候，會覺得那樣未免也太恐怖了吧。未知的東西、自己不曾見過的事物，一直無限延續，有種恐怖感。

有種鏡子叫做三面鏡，是正面和左右兩邊都有鏡子的鏡臺。當我們把臉湊到三面鏡前，然後將左右兩片鏡子闔起來，便能發現，光線會不斷反射，使鏡中產生無止盡的臉部影像。嚴格來說，鏡中的世界並沒有產生無限次反射，但我們在鏡中會看到近乎無限個自己的臉，並持續愈變愈小……那也是潛藏在無限裡的恐怖啊！

日本作家江戶川亂步撰寫的《鏡地獄》，裡面描寫了一名男子太過迷戀鏡子，於是鑽到一個用鏡子包覆的球體中，最後把自己搞瘋了的故事。是一部還挺恐怖的小說。

另外，美國哥倫比亞大學教授布萊恩．葛林的著作《隱遁的事實》（*The Hidden Reality*）中，也介紹了各種各樣的宇宙結構與平行宇宙。

書中提到「拼布宇宙」假說。拼布，是由各種花色的碎布拼接縫製而成的布。那麼拼布宇宙是什麼意思呢？首先，假設宇宙無限大，而我們人類能夠觀測到的最遠範圍，是那個地方的光必須傳到觀測者這邊，是有極限的。光線前進的速度是每秒三十萬公里。

宇宙從誕生到現在，大約已有一百三十七億年的歷史，光線花費一百三十七億年前進的距離，是一百三十七億光年，也就是說，理論上我們人類只能看到這麼遠的距離。而現在抵達地球的光，其實是一百三十七億年前發出的光。然而，假如宇宙是無限的遼闊，那麼我們是絕對觀測不到，比這距離更遙遠的宇宙（宇宙以驚人的速度在膨脹中，估計已經大到半徑超過四百億光年）。所以，更遙遠的宇宙可能就像拼布一樣，和我們所在的可觀測的宇宙彼此拼接起來，形成無限個宇宙。

宇宙中存在另一個自己？

光線確實花了一百三十七億年照射到地球，但光線發出以後，一開始發光的地方也不斷在膨脹，而且離得愈來愈遠。根據估計，距離大約有半徑四百七十億光年那麼寬。

不過，宇宙未來大概還會變得更寬。假設發出光線的地方在宇宙中心位置，那麼這個宇宙就大約有**半徑四百七十億光年那麼遼闊，而且這還只是一個拼布的範圍，宇宙整體可是擁有無限多個拼布呢！**這就是假說的內容。

這麼一來，和我們的**地球一模一樣的星球，也存在於宇宙的某個地方**，因為存在了無限多個模式。

分子的排列方式就是一種模式。人的身體與地球都由分子組成，而分子的排列方式的種類是有限的。假如宇宙無限的遼闊，具有無限多個星球，那麼終究會有另一個星球，擁有與地球相同的分子排列方式，或是有另一個人，擁有與竹內薰相同的分子排列方式。**假如宇宙無限的遼闊，就存在數量無限多個模式**，因此會出現內容重複的模式。

以這個概念思考，距離這個宇宙極為遙遠的地方，儘管遠到沒有機會見面，但會存在一個與自己完全相同的人吧，或者是和自己只有稍微不一樣的人。他可能和我有相同的長相，相同的聲音，卻是個超級大壞蛋，或是那個星球上的殺人魔也不一定，這樣一路想像下去實在是太恐怖了。又或者，他和我不同，也許過著如帝王一般的豪華生活，也許是更加悲慘的生活。

問題是，那樣的「自己的分身們」是隨機分布的。也就是說，他不一定只存在遙遠到絕對觀測不到的宇宙中，說不定，就在近到令人意外的地方。據說，在地球上的某個地方，就有跟自己相像到猶如雙胞胎一般的人。那麼，**假如宇宙無限遼闊，幾乎就可以肯定，宇宙中的某個角落裡也會有你的分身呢！**

終極高等智慧生物創造宇宙？

也有宇宙並非浩瀚無垠的說法，有人懷疑，宇宙其實意外的很小。雖說是小，當然也不會小到只有太陽系的大小，至少也是能夠容納好幾千、好幾萬個星系的規模，只不過是有限的範圍罷了。這個假說更進一步提出，宇宙或許是某種幾何形狀（例如龐加萊的十二面體假說）。

十二面體假說認為，在宇宙中不斷前進，將會抵達宇宙的邊緣，再繼續前進下去，就會從另一邊再度進入宇宙內部。比喻來說，就像打開後陽臺的門走出屋子，瞬間又從玄關進到家中的那種感覺。

假如宇宙是幾何面貌，是有限的空間，那麼就某種意義來說，我們等於是被關在宇宙裡。對於被困住這件事，人類本能的會感到恐懼。

順著這概念繼續思考下去的話，我們就好比住在動物園裡——有種擁有高度智慧的高等生物打造了小小的宇宙，而人類被豢養在這裡面！知名作家亞瑟．C．克拉克就在著作《二〇〇一太空漫遊》中刻劃了這樣的情節。它的最後一個情景是：某種超越人類的存在正在觀察人。

我不認為人類是這浩瀚的宇宙中最聰明的生物，應該還有更進步的文明吧，這樣想比較自然。智力不斷提升的文明，發展到最後會是什麼情形呢？恐怕能發展到，可以人為創造宇宙的程度吧。而那個文明中，也會有科學家做實驗，他們會在自己的研究室中，仔細觀察自己創造的宇宙吧。假如，我們人類只是他們的實驗動物……那真是令人不敢再想像下去的恐怖啊！

模擬的宇宙？以及神？

還有一種說法非常接近剛才介紹的假說，稱為「模擬的宇宙」。高度發展的文明中，電腦應該也是很進步的。那個世界的電腦，處理速度應該會比我們現在的超級電腦更快，記憶體也更大，超高速的超級電腦能夠做很多事情。應該會像電腦遊戲「模擬城市」或「模擬地球」那樣，也能模擬文明，那樣應該就是最終極的模擬吧。

像現今的飛行模擬器，無論在影像與操控感方面，都已經逼近實際在空中翱翔的程度。同樣的，如果電腦的運算能力極為進步，能夠完全模擬地球上所發生的事情，那麼就連每個民眾的意識也都能夠模擬吧。

也就是說，沒有人能證明「我們這個宇宙不是高等文明的電腦所模擬出來的」。或許只要在電腦中設定等同於ＤＮＡ機能的指令，被設計的生命就能進行演化。而所有的物理定律也能運用公式來表示，所以就只剩下模擬和計算而已。

換句話說，**或許，我們的生活只是巨大電腦中的模擬而已**。這個想法也太恐怖了！畢竟，要是模擬執行者覺得他已經厭煩這些模擬的情形，乾脆切掉開關，我們人類以及周圍的世界就會瞬間消失了！那麼，模擬執行者的地位不就等同於神？我想在「神」的概念中，也有這種可能性。掌握整個世界的命運的這種存在，就是神的角色。

神可以終結掉這個宇宙。不過，那責任無比重大，要是祂只是不小心被電線絆到了腳，很不巧的關掉了電源，那一切都無法挽回了。假如真有那種時候，希望至少讓我有一些時間用來害怕，慢慢的結束掉才好。

Part 4

有關地球的恐怖話題

01 人類滅亡的可能性——地磁反轉、隕石撞地球、全球凍結

北極是S極？南極是N極？

地球有南、北兩極，磁鐵也分為N、S兩極，而磁鐵的N極指向北極，也就是說，北極在「地球磁鐵」（地球磁場）上扮演著S極。

咦，這是什麼意思呢？

各位或許覺得這樣怪怪的，不過，仔細思考以後，自然就會明白。因為磁鐵的N極與S極會互相吸引，所以，地球磁場中吸引著磁鐵N極的這個方向，便稱為S極；把地球假想成一個巨大磁鐵的話，那麼北極就是S極，南極就是N極（這好像是某明星國中入學考試的考題）。

研究發現，地球的**磁極平均數十萬年左右反轉一次，稱為「地磁反轉」**，這是在計算上取的「平均值」，因此並非每數十萬年就一定會出現反轉。**由於現在地球磁場的強度正在減弱當中，假如持續減弱下去，地球磁場的強度可能會在千年以後降到零**，之後，就會發生地磁反轉。

「咦，沒聽過這種事耶。」「這麼重大的事情，為什麼政府沒有對國民發表呢？」或許有人對此感到懷疑。

的確，若主管環境相關的政府部門對這項訊息大做文章也很正常，但是，對於人類來說，幾千年的時間尺度是很久遠未來的事情，對於政府或企業等活在「現在」的忙碌人們來說，這算是不怎麼緊要的事情。只不過在科學上，「地磁強度將降到零，然後反轉」的確是一樁大事。

地球產生的磁場會在地球的周圍形成屏障，阻擋從太空中飛來的宇宙射線的傷害。宇宙射線其實是各種高能量粒子，例如：原子核、質子、電子或與電子同類的緲子等粒子。由於它們是從宇宙飛來的，所以稱呼它們為「宇宙射線」，基本上，將它們看成「輻射線」就可以了。

也有許多輻射線是從太陽發射過來的。太陽風就是一大群的粒子。當太陽表面發生大規模的爆炸（太陽閃焰）時，太陽風，甚至是更強烈的「太陽風暴」就會襲擊地球。

從宇宙飛來的粒子中，還有破壞性極高的加馬射線，它短時間內增強的現象，稱為加馬射線暴。說起來，地球其實經常受到外部飛來的粒子的猛烈攻擊。

地球磁場是人類的防護罩

太空人長期滯留在太空站，會使身體接受到大量的粒子，是非常危險的工作。這就是為什麼，要達到一定年齡才能被認證為太空人的緣故（雖然這不太公開說明），太空中的粒子對小孩或孕婦的確十分危險。

對於地球上的人類來說，宇宙射線在衝撞大氣層中的空氣分子以後，會改變樣態，或是消失，而且最外層有地球的磁場可提供保護，可說是有著雙重防護罩。假如地球沒有磁場保護，我們將曝露在輻射線中，會受到更強烈的紫外線侵襲，罹患皮膚癌的情況也會增加。

根據預測，地磁可能會在千年以後減弱為零，當這道防護罩消失，對於有害的輻射線，我們似乎毫無防備，這麼一來，將引發生物細胞核中的ＤＮＡ頻繁發生突變，到那時候人類該怎麼辦呢？比如變得要穿防護衣才能夠出門。

不過，對於生物而言，突變也具有「進步的演化」這一可能的面向。以地球的整體生態系來思考，突變或許是新的演化契機。但是，想到人類有可能因為全球性的演化而滅絕，還是令人覺得恐怖啊！

最近一次的地磁反轉發生在大約八十萬年前。由於地磁的研究先驅是日本人松山基範，這個時期被命名為「松山反向極性期」。

說到這裡，我們先來整理一下曾經造成生物大滅絕的時期吧。

首先是最近一次的白堊紀末期，距今六千六百萬年前；往前是三疊紀末期，距今約二億年前；再往前是二疊紀，距今約二億五千萬年前。生物大滅絕似乎剛好都發生在出現地磁反轉的時期，只不過，地磁反轉並不等於就有生物大滅絕，因為八十萬年前也有過地磁反轉，但是並未發生大滅絕。

或許，大滅絕是發生在地球氣候變遷以及地磁反轉雙雙降臨的時候，是多種因素造成的浩劫。

生物大滅絕已發生許多次

順帶一提，地球歷史上曾發生過的生物大滅絕，包含上一節提到的那三次，根據估計至少有十一次——在五億四千萬年之間，就發生十一次了，嗯，不知算是多還是少。

其中有五次的規模相當大，使得七〇到八〇％的物種都滅絕了。前面提到最近一次大滅絕發生在白堊紀末期，恐龍就是在那時滅絕的，另外還有七六％的海洋生物也滅絕了。原因據說是巨大的隕石撞擊地球，從宇宙飛來的隕石直接撞擊了墨西哥猶加敦半島的北部，直到現在，那裡還殘留了直徑一百八十公里的隕石坑——從太空眺望地球，也看得出來那巨大圓形坑洞的程度！如此巨大的隕石撞擊地球，引起了大爆炸，導致飛揚的粉塵覆蓋了全世界，以及引發大海嘯侵襲全球。

由於整個地球都被灰塵覆蓋，遮蔽陽光，導致氣溫變得非常寒冷，於是氣候變得異常，而造成全球大滅絕。只是，那十一次大滅絕的原因，都是隕石撞地球嗎？似乎不是這麼回事。

有其他說法認為，跟地球內部釋出一種稱為「甲烷冰」的物質有關。當時，甲烷冰啵囉啵囉的從海底不斷冒出來，看起來彷彿全球性的火山爆發。不過真相至今仍是謎呀。

命運早在一億年前已註定

有關巨大隕石的話題，本節再加贈內容，讓我來說得更詳細一點。

一九七八年，在墨西哥的猶加敦半島，因為開採石油而發現到直徑一百八十公里的巨大隕石坑，就是前面提到的白堊紀時期造成的。由於範圍太過廣大，起初，誰也沒想到那是圓形的隕石坑，以為是一般的窪地，或是一種地形。

從天而墜的那顆隕石，直徑約有十公里，極致的巨大。說到直徑十公里，大約是我居住的橫濱到川崎一帶那麼大。各位想想看：抬頭仰望天空，發現一團黑壓壓的東西，有兩座城市那麼大，以超乎想像的時速一萬公里的高速掉下來（由於同時在燃燒當中，看起來應該是紅通通的一團）！以波音七八七客機的巡航速度：時速大約九百公里為基準的話，那顆隕石的墜落速度是飛機的十倍以上！

「杞人憂天」這句成語，是在諷刺擔心天空會塌下來的愚人。不過以現代科學的觀點來看，天空真的可能塌陷。

話說回來，即使發覺巨大的隕石從天而降，由於墜落速度之快，大家根本就逃不了。即使天文學家早在一年前就發現朝地球衝過來的巨大隕石，在那個時間點，可能也無法正確判斷會撞上地球的哪裡。另外，以撞出直徑一百八十公里的隕石坑這個結果來看，代表這個範圍內的所有一切都在瞬間被消滅，就比如是從東京到靜岡整個被壓扁掉的景象。這種感覺已經超越恐怖，簡直是壯烈悲淒、慘絕人寰！隨著時間的經過，遭撞擊地附近的生態環境，也會受到影響而逐步走向滅絕，最終演變成整個地球的重大變動。再加上撞擊似乎引發了數千公尺高的大海嘯，最後，根本沒有任何一個地方能夠避難。

這個隕石是從哪裡來的，逐漸有相關研究結果，據說，**和存在於火星與木星之間的小行星巴普提斯蒂娜有關**。一億六千萬年前有兩個小行星發生碰撞，形成巴普提斯蒂娜，推測當時產生的碎塊在宇宙之中高速飄移，經過一億年的時間，墜落在地球——時間是距今六千五百萬年前。

換句話說，**恐龍滅絕的命運早在一億年前就註定了**。在很久很久以前，那顆「滅絕按鈕」已經按下去，然後，地球上的生物在渾然不知的情況下一直生活著，最後依照命運的安排，在一億年後遭遇隕石撞擊……。

科學家稱這樣一連串的天體碰撞為「死亡撞球」。一億六千萬年前，兩顆小型天體像撞球般的撞上，它們的碎塊就在宇宙間橫衝直撞，其中一顆碎塊墜落在地球，引發了生物大滅絕。假如接下來有一顆隕石會撞擊地球，可是無論我們現在怎樣擔心，這個命運可能是早在一億年前就註定好了。究竟是誰按下了那顆按鈕呢？或者單純只是偶然？

小行星撞地球的結局？

電影《世界末日》描述的是當小行星逼近地球時，人類如何積極面對危機的故事。運行軌道和地球軌道交會的小行星稱為「近地小行星」，前面提到在白堊紀末期衝撞地球的天體碎塊，有可能就是近地小行星。

這種天體撞地球的發生頻率大約是多久呢？據說**直徑一公里的小行星撞地球，在一百萬年之內大約數次；直徑五公里的小行星撞地球，大約是一千萬年一次。至於其他體積更小的小行星撞地球，則是每個月都會發生！**假如缺乏大氣層這層防護罩，地球表面就會像月球表面那樣，到處都是隕石坑（過去曾有隕石如下雨般大量降落的時期，但是由於地球表面環境變化，加上雨水侵蝕，所以後來坑洞幾乎都消失了）。

一百萬年內好幾次、一千萬年內一次，似乎不是很高的程度，地球的年齡是四十六億年，以一千萬年一次來計算的話，則是已經發生過好幾百次撞擊了。

直徑五公里的小行星以超高速猛衝過來，確實會造成恐龍滅絕。那麼，直徑更大的小行星撞地球，恐怕會造成人類滅絕，因此，NASA已持續在監測小行星的碰撞，在二〇〇二年四月公布，有一顆直徑一公里的小行星，有〇・三％的機率將會在二八八〇年三月十六日撞擊地球。

雖然說已經知道時間落在二八八〇年，機率是〇・三％，還是會迷惘該怎麼因應才好。此外，據說二〇〇六年七月三日，也有小行星通過距離地球四十二萬公里的地方，險些衝撞上地球。

另外，二〇〇八年十月七日也有一顆小行星，在被發現後，才一天的時間就已經衝進大氣層，在蘇丹的上空爆炸。爆炸後的碎塊據說被當做隕石回收了。

既然那顆小行星直到衝進地球的前一天才被發現，可見不一定每次的碰撞，人類都能及時發現。以現在的觀測機制來說，在還不到臨近地球的時間，小型天體都很難被人們發現，所以還挺令人擔心的。

小行星本身不會發光，通常只能藉由陽光反射才能觀測到。一旦它遠離，往往就追蹤不到，因此很難完全掌握小行星的行蹤。

電影《世界末日》中，人類搭乘火箭接近小行星，在小行星上開鑿洞穴，然後塞入核彈引爆它。假如小行星是由堅硬的岩石組成的，那麼炸彈是有可能將它炸個粉碎；但要是對付例如糸川小行星之類，內部有如海綿一般布滿孔洞又輕的小行星，就不禁令人懷疑，有辦法在它上面裝置核彈，把它炸個粉碎嗎？

假設幾年後，有顆直徑五公里的小行星將直接撞擊地球，我們該怎麼辦呢？

首先，我們可能花上半年的時間來計算它的軌道；接著，在隕石確定要到來時，思考該怎麼轉移它的運行軌道，或該怎麼破壞它，開始商討全球性的對策；然後，在它實際要撞上來的大約一年以前開始著手因應。假如發射火箭或彈道飛彈都還無法順利對付它的話，最後會討論到的辦法可能包含派人（或機器人）直接接近小行星，在它上面架設火箭，利用火箭噴射的方式轉移它的軌道吧。

只是，我們無法肯定，這麼做能使小行星確實轉移行進路線。

預測隕石的墜落地點，其實不如想像中的容易。必須思考它會以什麼角度衝進大氣層，會在中途爆炸？還是會保持相當大的體積撞擊地球？會撞擊陸地，還是衝進海洋？而相關的計算幾乎是不可能的任務。

在現實層面，也必須考量民眾恐慌所引起的事故，政府可能也不容易下令：「從這裡算起方圓一百公里的區域屬於危險地帶，所有人必須撤離避難。」這並不像回收人造衛星，以及讓人造衛星墜入海洋，或者像在澳洲回收隼鳥號太空探測器之類的任務，是在確實的掌控之下進行，畢竟我們還無法精準掌握小行星的運行。

萬一哪天真有巨大隕石即將撞擊地球的話——當然我不是要談論末世論——奇怪的宗教說不定會趁機興起，進行掠奪吧。又假設有六分之一的人類會滅亡，那麼就好比一場無可避免的俄羅斯輪盤，人類恐怕沒有辦法擺脫那種恐懼吧！

地球曾多次成為冰雪世界

全球性的大滅絕原因，不一定都是有大魔王從天而降。「全球凍結」也可能造成人類滅絕，英文稱為snowball Earth（雪球地球），這是**連赤道在內，整個地球都冰凍的現象**。根據推測，這也是**生物大滅絕的原因之一**。

全球凍結最早發生於休倫（Huronian）冰河期，時間大約從二十四億五千萬年前延續到二十二億年前；之後又出現了斯圖特（Sturtian）冰河期與馬里諾（Marinoan）冰河期，時間大約在七億三千萬年前到六億三千五百萬年前。

全球一旦凍結，就連原生生物也都會大滅絕。原生生物包含：藻類、水黴菌、阿米巴原蟲、草履蟲、黏菌等。它們在生物分類上不屬於動物，也不屬於植物，據說在全球凍結時，有大量的原生生物滅絕了。

之後，各式各樣的生物再度出現在地球上。有假說指出，全球凍結是許多新物種出現的契機，認為多細胞生物是在全球凍結狀況解除以後出現的。

為什麼會發生全球凍結的狀況？又是怎麼結束的呢？關於這些，雖然已經有一些假說，但是目前還沒有確切答案。全球凍結以後，地球全面遭到冰雪覆蓋，白茫茫一片，由於白色的冰雪會反射陽光，使地球無法吸收陽光，而變得更加寒冷。

一旦冰凍，照理說就不會融化才對。但是現在，我們生活著的地球並不是冰封狀態，因此有假說認為，地球凍結期間發生了火山爆發。儘管地球表面遭到冰封，但地球的內部依然在活動，所以發生火山爆發是合理的，這個假說推測，火山爆發導致二氧化碳產生，而二氧化碳是溫室氣體，會引發地球暖化，結果解除了全球凍結狀態。目前仍沒有確知解除全球凍結的原因。

現今地球暖化是全人類的課題。假如相反的，地球凍結了，人類可能會滅絕吧。請想像白茫茫一片的地球，呼——是不是背脊發涼了呢？

02 接連的災難——地震、海嘯、核電廠爆炸

地球上最大的地震有多強

二〇一一年三月十一日發生的東日本大地震，最初發表為地震規模八·八，最後才修正成規模九·〇。而且當初計算它所釋放的能量，是阪神大地震的三百五十五倍，其實也是錯誤數值。

日本使用的地震度量主要有兩種。一種是「日本氣象廳地震規模」，另一種是世界標準的「地震矩規模」。阪神大地震的地震規模七·三這個數值，其實是依照日本氣象廳的基準，改為依照世界標準的話其實是地震矩規模六·九。

而日本所公布的東日本大地震的地震規模九·〇，卻是依照世界標準得出的

數值。所以，應該拿來做比較的數值是六．九與九．〇，如此一來，兩者的能量差距會是「一千四百倍」，也就是說，相當於一千四百場阪神大地震的能量襲擊了東日本。

順帶一提，**日本科學家預估，地球上所能發生的最大地震，地震規模是一〇，能量相當於東日本大地震的三十倍**。

說到這裡，東日本大地震的破壞力真是非常大！對日本來說，是千年一度的重大震災。其實在東日本大地震發生之前，便已調查到，日本在千年以前，被同樣破壞力的大海嘯侵襲過的痕跡，當時的大海嘯侵襲了日本東北地方，範圍深入到內陸去。可惜相關的基礎研究並未獲得經費預算，所以沒能在未來的防災上發揮功用。

另外，宮城縣有個稱為荒濱的地方，在東日本大地震中發生慘重的災情。我不禁猜想「荒濱」這個地名，說不定是歷史上曾經遭遇大海嘯侵襲的事件，化成地名流傳下來。

超過三十公尺高的大海嘯

東日本大地震所引起的海嘯，最高達三八．九公尺，比起過去明治三陸地震引發的三八．二公尺的海嘯，刷新了紀錄（假如海嘯沖擊的能量猛烈，可以從十公尺高爬升到三十公尺高）！

災害預測地圖在東日本大地震時完全派不上用場。儘管民眾已疏散到預定的「撤離到這邊就能安全」的避難所，但是許多地方後來依然遭海嘯吞沒，死亡人數眾多。

以現今的科技能力，想要預防自然災害，恐怕還是有極限。過去假定的三至四個地震同時發生，而且互相連動的情況也令人震驚和意外，東日本大地震是綿延五百公里長的板塊交界面發生錯動，**政府曾預測在那五百公里之間會發生三至四個大地震**，**但未曾預想過它們會連動發生**，過去只假想過它們個別的地震規模大約在七到八之間。不過，即使當時只發生個別的地震，恐怕還是會出現眾多罹難者。

當然，曾有專家警告過，日本可能發生連動型的地震。**人類能夠設想最壞的情況，但是否有能力因應所有可能的情況呢？**這在現實層面的確不容易（畢竟國家的預算額度有限，即使專家發出千年一度的重大災害警告，國會也不一定會通過預算吧）。

危險的核輻射

再來聊聊核能發電的問題。當年海嘯引發了福島核電廠事故，情況演變得如此糟糕，是許多人料想未及的（即使是過去曾經專攻原子核物理學，並以科普作家為職業的我，也沒想像到災情會嚴重到這個程度）。據知福島核電廠的圍阻體（安全殼）有龜裂情況，但圍阻體是二十七公釐的鋼鐵，除非有特殊情況，否則並不會損壞。

圍阻體內部是利用水蒸氣驅動渦輪，內部的氣壓是四大氣壓，而周圍環境只有一大氣壓。所以在設計上，圍阻體能承受高達十二大氣壓的壓力。而福島核電廠的事故，情況最危險時，圍阻體內部的壓力升高到八大氣壓；雖然在容許範圍來說，只要在十二大氣壓以下就不會爆炸，但是升到八大氣壓也是相當危險的狀態，畢竟這已經是平時的兩倍！

萬一圍阻體損壞而爆炸，存放在內部的核燃料就會全部被炸飛——這會是設想中最壞的情況。以相當慘烈的車諾比核電廠爆炸事故為例，說來各位可能難以置信，車諾比核電廠並未建置圍阻體！不過那是因為車諾比核電廠的核反應爐非常老式，它外部沒有建置圍阻體，只存放在建築物內。

當時福島核電廠反應爐的爐水，輻射數值異常升高，達到一般爐水數值的十萬倍之高，顯然核燃料破損，導致輻射洩漏出來。核電廠事故的恐怖在於「輻射是看不見的」，以及在事故發生以前，民眾通常缺乏對於輻射的知識。人類對於缺乏認識的事物會有強烈的恐懼感。

另外，相關日文詞彙的定義也有問題。日本媒體經常使用「放射性來了」、「放射性跑到東京來了」，這種說法在科學上是有問題的。放射性（輻射性）是指「能夠發出輻射線」的意思，因此「放射性來了」這種句子並不成立，應該是「放射性物質來了」，放射性物質會釋放出輻射線。

放射性元素包含：鈾235、碘131、銫137等，後面的數字顯示它們原子核的質量數，因為原子核內有中子與質子，這個數字就是質子數加中子數。以鈾235發生核分裂反應為例，分裂以後原子會變小，於是產生新的原子，例如碘131或銫137。

而核分裂時還會釋放出輻射線。經過核電廠事故，許多民眾都在問「輻射線是什麼？」其實大家都在學校學過它，國中或高中的教科書中所介紹的阿伐射線、貝他射線、加馬射線就是輻射線，其實這些名字的由來，是二十世紀初期，科學家還不清楚輻射線的真面目是什麼，於是暫用符號α（阿伐）、β（貝他）、γ（加馬）標記它們，所以它們其實是當時暫用的名字。

現在，科學家已經知道它們的真面目是什麼了。阿伐射線是氦的原子核，氦是第二輕的元素，僅次於氫元素。氫原子的中心有一個質子，周圍有一個電子圍繞；氦原子的中心有兩個質子和兩個中子，總計擁有四個粒子，所以氦的質量數是四。另外，由於氦的原子核中有兩個質子，所以帶兩個正電荷，為了抵銷原子核的正電荷，氦的周圍便有兩個電子（帶兩個負電荷）圍繞著。總之，氦的原子核就是所謂的阿伐射線。

遮蔽阿伐射線，一張紙就足夠。是的，單單一張紙就足夠阻擋飛過來的阿伐射線了。

利用放射性物質執行暗殺任務

歷史上曾經發生過，利用會釋放阿伐射線的物質來暗殺的事件。事件發生在二〇〇六年，俄羅斯的前特務利特維年科，遭到前蘇聯KGB（蘇聯的情報機構）暗殺，吃下放射性物質而中毒。

這種暗殺伎倆其實非常簡單。第一步，殺手只要利用口香糖的包裝紙包裹放射性物質，自己就能免遭輻射曝露，原因正如上一節所說明，一張紙就足夠阻擋阿伐射線；第二步，就是將這個會釋放阿伐射線的放射性物質混入飲料或食物中，即使非常少量，一旦進入體內，這個人就「出局」了。**輻射災害最恐怖的就是體內曝露**，一旦吸入放射性物質到肺部，或是吃進去被身體吸收，就無法將它清除。福島核電廠事故後，之所以會警告避免讓嬰幼兒飲用自來水，就是因為體內曝露非常危險，受汙染的水絕對喝不得。

體外曝露，也就是身體外部的曝露，只要能量不是太強，在某個程度內都還沒關係。**萬一遭到體外曝露，也就是被放射性物質沾到身體時，只要將它沖洗掉就好**。基本上，對付放射性物質的方法和對付花粉或細菌一樣，可以用清洗的方式。記得我以前在大學修物理學，接觸到輻射等課程時，任課教授一再強調的重點是：別讓放射性物質進入體內！例如：喝入、吃入，或與空氣一起被吸入，以上都是相當危險的情況。

放射性物質進入體內以後將會持續釋放輻射線，直到衰變成穩定的元素為止。負責處理核電廠事故的東京電力的協力廠商之員工，曾經因為受到貝他射線灼傷而腳痛。貝他射線灼傷屬於體外曝露，至少不像體內曝露那麼需要擔心（雖然不受到曝露最好），最壞情況下，只要移植皮膚也可挽救。

另外，假如身體上有傷口，需要以大量自來水沖洗。在車諾比核電廠爆炸事故之後，有些嬰幼兒經由乳製品攝食到大量的碘131，因而變成甲狀腺癌的好發族群。那些孩童攝取放射性物質到體內，遭受體內曝露而引發癌症，在二十歲、三十歲時發病。這種情況實在是太恐怖了！

貝他射線、加馬射線是什麼呢？

接下來介紹貝他射線。貝他射線的真面目是「電子」或「正電子」。這兩種粒子的差別只有電性符號不同而已，電子帶負電荷，符號為負；正電子帶正電荷，符號為正。至於**阻擋貝他射線的方法，單單一張紙是不夠的，必須要數公釐厚的鋁金屬才行**。其他例如鉛等金屬也都能阻擋，只是考慮重量，以鋁最為合適。

另一種射線是加馬射線。簡單的說，加馬射線算是「強光」，比我們平常所見的光線的能量還要強大許多。當強調光的屬性是「粒子」時，我們會以「光子」來稱呼，而粒子的名字會隨著能量強弱有不同的稱呼。

能量最強的是加馬射線，稍微弱一點的是X光，另外還有可見光，再弱一點就是無線電波。無線電波跟光都一樣是電磁波，只是波長不同而已。

波長與能量呈現負相關的關係，波長愈長，能量愈小。無線電波的波長很長，所以每個光子的能量比較小；相反的，像加馬射線那樣，波長愈短的，能量就愈大。

單一光子的能量愈大，破壞力也就愈強。例如能夠應用在X光檢驗的X光，就是因為它的能量強，才能穿透人體。相對的，人類肉眼能看到的可見光，例如房屋內的照明燈光，只要我們伸手一擋，光線就無法穿越，就是因為它的能量比較弱，遇到皮膚就被阻擋下來了。

但是加馬射線的能量可就強了，它能侵入身體內部。所以接受太多加馬射線的曝露是非常危險的。

最後一提，輻射線也包含中子，中子是組成原子核的「零件」。中子的穿透性很強，與水發生反應後會產生有害物質，而人體有六〇%以上由水組成，所以中子會對人體造成相當大的傷害，非常危險。所幸，基本上，中子是出現在核反應爐中，所以一般人並不需要特別擔心它。

哪種發電廠造成的死亡人數多？

現在，不少人是反核電派。單是看到福島核電廠所引發的事故，有那麼多人反對也是理所當然，但是，反核也不是新鮮事了。我個人推想，核電應該也屬於典型的「恐怖」科學技術吧，畢竟，日本是唯一被投下原子彈的國家，會對核子武器心懷恐懼且厭惡。因此，主張消除全球的核子武器，以及反對相關衍生的科技，也就是核能發電，兩者之間並非全無關聯。

我家有孩童，因此聽聞飲用水遭核電廠事故汙染的消息時，簡直焦慮難安。但是，我個人**雖然害怕核電廠，也擔心完全取消核能發電後，引發能源不足的問題**。車諾比核電廠爆炸事故的現場——烏克蘭，在事故後廢止了核能發電。結果引發了什麼呢？能源不足導致政局不穩定。現在，烏克蘭只能仰賴鄰國俄羅斯供應大部分能源，因此還曾遭到俄羅斯停止供應天然氣，施加「政治威脅」。

大家都會說車諾比事故很恐怖，說廢止核能發電吧。其實，廢了核電也會衍生出其他可怕的問題。

提出地球是一個「生命體」，也就是「蓋亞假說」的知名英國環境科學家詹姆斯．洛夫洛克，寫了一本書《蓋亞的復仇》（*The Revenge of Gaia*），並在書中提到很有意思的數據。

生產一太瓦（一兆瓦）能量的過程中會「造成多少人死亡」呢？結果顯示，比起使用煤炭的火力發電——雖然現在多使用化石燃料；或是與水力發電相比，因核能發電而死亡的人數，其實還比較少。換句話說，在人們的主觀印象上，核能發電造成很多人死亡，但實際上，佔壓倒性死亡人數的，卻是火力發電與水力發電。

火力發電廠是化學工廠，可能會發生小規模的爆炸，導致人員死亡。另外，煤炭開採事故，所造成的死亡人數也在多數。至於水力發電，也可能會發生水壩崩塌事故。與那些相比，核能發電並沒有造成那麼多人死亡。

當然，請了解，以上是依據「單位發電量」來比較。

也有人在計算不同發電方式所造成的壽命縮減情形。例如艾倫・E・沃爾塔（Alan E. Waltar）在著作《無能為力的美國：面對我們的核能困境》（*America the Powerless: Facing Our Nuclear Energy Dilemma*）中比較了吸菸與核電的數據。

究竟壽命會縮減多少呢？根據反核團體的試算，**因為核電的存在，我們一般人的壽命會縮減兩天**，這是依據實際上因核電而死亡，或遭受輻射曝露的人的數據，計算出的平均數值。

假如依據美國核能管理委員會提出的數據，數字則是〇．〇五天。換算成小時——二四×〇．〇五——大約一小時。不過，無論是兩天或一小時，都是令人意外的數字吧。

假如與吸菸的人結婚，可能會因為二手菸等原因而使壽命縮短五十天；假如感染肺炎或流行性感冒，壽命則會縮減一百零五天。

比較令人意外的是，感染愛滋病會縮減五十五天的壽命。也就是說，如今，**當有人感染了愛滋病，只要能夠服藥預防發病，那麼與肺炎或流行性感冒相比，愛滋病影響壽命的危險機率還比較低。**

至於癌症，則會縮減一千二百四十七天的壽命，一旦罹癌，就是以年做為縮減單位了！另外，罹患心臟病會縮減一千六百零七天。以上數據都來自美國。綜合比較可知，**心臟病比癌症還危險**。

原本我們大家認為核電很恐怖，會危及性命，沒想到科學數據顯示，吸菸與心臟病更恐怖。當然，即使知道這些，也不會改變核電在大家心中的恐怖地位吧。畢竟，**人們不是因為各界的分析數據或講道理才產生恐懼感，而是覺得恐怖所以才認為恐怖的**。

未婚會縮短壽命？

雖然有點岔題，但是為了明白什麼才是真正恐怖的，以下再來補充一些有關壽命縮短的原因（本來應該放在番外篇的，但是既然核電部分提到這話題，那就接續著講吧）。

據說「未婚男性」的身分會使壽命縮短三千天。一輩子未婚的男性與結了婚的男性相比，壽命會縮短三千天！原因或許包含了健康與心理兩種層面。順帶一提，未婚女性的壽命會縮短一千六百天，大約是男性的一半。

飲酒過量會使壽命縮短三百六十五天，大約是一年；汽車事故會縮短兩百零七天；接下來的就恐怖了，據說貧困會使壽命縮短三千五百天！換句話說，貧窮會導致早死。再來是煤礦工作，會使壽命縮短一千一百天，煤礦工作給人對身體不佳的印象，但相比之下，竟然是貧窮更容易短命。另外還有放射線相關工作、醫療工作、核電廠工作，這些會使壽命縮短二十三天。

這樣檢視過一輪以後，各位是不是發現，現實跟我們模糊的想像並不一樣。直到現在，許多科學家之所以不說核能恐怖，正因為知道這些統計數字的緣故。以機率來看，火力發電等造成的死亡人數還比較多。

然而不可思議的是，拿飛機事故與汽車事故相比，人們會覺得飛機事故比較恐怖。

就現實情況而言，以死亡人數相比，每天都會發生交通事故的汽車，可說是比飛機事故危險得多。但事實是，我們會搭汽車，卻覺得搭飛機很恐怖。這麼說吧，搭飛機時會想「說不定會墜機，說不定會死掉」的人稍微多一點，但是那些人在開車的時候，幾乎不太會想相同的事情。

對於個別的死亡事件，人們不太會有危機感，不覺得那有什麼恐怖的；但是，對於一次就會造成很多人死亡的事情，就會覺得很恐怖。許多人並不覺得火力發電很恐怖的原因是，即使累積總死亡人數甚多，卻不會因為一次的重大事故，就造成極大量的死亡人數。

即使實際的危險機率比較低，會留給人重大災難印象的那一方，還是比較恐怖。想像若飛機墜毀，可能造成動輒幾百人喪生，所以很恐怖。關於核能發電，恐怖的不是死亡人數，或許是被輻射汙染波及的災區範圍太廣闊，以及輻射線是眼睛所看不見的，甚至是相關資訊不充足，這些因素導致恐懼感大增吧。

總之，**恐怖的感覺與相關統計數字不成比例，甚至可能成反比。而這種現象或許正是理性與感性，也就是人類心理的兩個對立面的呈現吧。**

03

日本是火山列島

日本的火山活動

火山是可怕的自然災害之一。二〇一一年，日本九州島的新燃岳火山爆發的新聞，大大搶佔媒體版面，連帶掀起富士山什麼時候會爆發的話題。根據日本氣象廳的紀錄，目前日本約有一一〇座活火山，包含**現在仍有噴發活動的火山，以及過去一萬年間曾經爆發過的火山**。

長期以來的火山爆發紀錄與短期內正在活動的紀錄，這兩種觀察角度都很必要，評估的時間點有兩個：現在，與過去的一萬年間。根據估計，日本的活火山數量佔了全球的七％！

地震搖動、海嘯侵襲、火山爆發——日本真是個自然災害多多的國家！

日本將活火山分為三個等級，活動最頻繁的列為A級，包含：有珠山、三宅島、雲仙普賢岳等，共計十三處。

活動頻率次多的列為B級。包含：藏王山、富士山，包含新燃岳在內的霧島山等，共計三十六處。

活動頻率最低的列為C級。包含：八甲田山、八丈島、阿武火山群等，共計三十八處。

然而有些地方缺乏數據資料。例如伊豆群島的海底火山。因為不潛入海底就無法調查，又缺乏歷史紀錄，所以目前仍是狀況不明。另外，位於北方領土的二十三處火山的數據資料也不足。

再讓人害怕的是，新燃岳竟然列在B級火山，而非A級火山。假如它是A級，並且爆發了，那麼民眾也能理解。問題在於它是B級火山，竟然也會爆發！這麼一來會讓民眾覺得：火山分級不準確——似乎得這麼想，只要是活火山，任何時候都可能爆發。

二〇〇四年淺間山火山爆發時，日本才反省過觀測系統不完備，結果，竟然直到發生了新燃岳火山爆發以後，才終於設置GPS等觀測設備。

日本明明是個火山國家，卻因為沒好好花經費在因應對策上，所以沒有對火山充分監測。像B級火山爆發的事件，假如平常就有落實調查活動，應該會出現「差不多快要爆發了，把等級提升到A吧」之類的建議，可惜實際上並沒有。

更可怕的是，同樣列為B等級的，還包括了富士山。富士山上一次爆發的時間是在江戶時代，也就是一七〇七年時（寶永大爆發）。那時正值德川綱吉將軍治世，元祿文化繁盛的時候。據說，火山爆發當時，就連距離富士山一百公里的江戶地區，也都蒙上了火山灰，**而在距離那次噴發的四十九天以前，發生過東海地震（今靜岡縣附近）與南海地震（今紀伊半島附近）連動的大地震。**

在東日本大地震發生時，富士山正下方的地帶也發生過地震，這使得日本民眾很緊張，擔心富士山再次爆發。不過，富士山什麼時候爆發也都不奇怪吧。

04 熱帶雨林減少中，原因出在棕櫚樹？

天然林地變成農田

現在，熱帶雨林不斷在減少當中。在印尼及馬來西亞，因熱帶雨林的減少，造成了紅毛猩猩無法穿越河川兩岸的情況。

熱帶雨林減少的原因之一，包含棕櫚樹的種植。當地砍伐雨林，改栽種棕櫚樹，由於這類大型農田的出現，使熱帶雨林持續減少。

棕櫚油是目前使用量最大的植物油。其中有八五%產自印尼與馬來西亞。以印尼為例，一九九〇年時棕櫚田的面積是一百一十萬公頃，到了二〇〇二年時已經增加到五百萬公頃，其中有七成的棕櫚農場是開墾熱帶雨林的林地而來；而在馬來西亞，一九九〇年時有一百七十萬公頃，二〇〇五年時則已增加到四百萬公頃，這佔了馬來西亞國土的十二%。

我經常到馬來西亞度假，在快要抵達首都吉隆坡的機場（由已故日本知名建築師黑川紀章設計）時，會有一大片的棕櫚田映入眼簾。起初我還覺得那是「非常具有熱帶氣息的風景」，看了令人心情舒暢；但多看幾次以後，反而開始覺得，那樣的風景未免也太單調，一致到有些恐怖。廣大的土地完全被同一種植物覆蓋，反而給人恐怖的印象。於是我不禁想像「這裡以前生長了什麼植物呢？」並且開始意識到，因為過度開發失去了許多東西。

是什麼原因使棕櫚樹不斷增加，導致熱帶雨林減少呢？數據資料中有答案。依照每年棕櫚油的使用量計算，**日本人平均每人消耗了大約十平方公尺的熱帶雨林**。十平方公尺大約等於三公尺×三公尺的面積，我覺得有點過度。

順帶一提，日本人最普遍使用的油是菜籽油。在日本人的飲食生活中，菜籽油比棕櫚油更常用到，像炸天婦羅就是。不過，棕櫚油不只能食用，也能用於製作肥皂。確實也有人覺得，應該沒有必要為了做肥皂而犧牲熱帶雨林吧。

話雖如此，事情還牽涉到擁有熱帶雨林之國家的經濟活動，僅僅向馬來西亞等國家喊話：「停止砍伐雨林！」「請保留雨林！」恐怕是無法解決問題的，還必須要有其他的替代方案才行。

以地球層級來思考的話，比起棕櫚田，熱帶雨林能吸收更大量的二氧化碳，在地球暖化問題方面是有貢獻的。原始熱帶雨林的土地屬於泥炭地，是一種有機濕地，由於土壤浸泡在水中，使得死去的植物殘體，分解速度較緩慢，會以有機物質的形式累積在土壤中。

我曾在皮划艇生態之旅時，看見河面浮著「油」，來自日本的我還誤以為是河川被汙染了，但導遊解釋「這是有機物質」。對比日本河川的「潔淨」風景，熱帶雨林河流截然不同的風貌，讓我非常驚訝。**一旦開發熱帶雨林做為棕櫚田，原本蓄積在土壤中的碳元素，就會被釋放到大氣中，助長地球暖化現象。**

就在我們很自然的享用料理，或使用肥皂洗淨身體時，熱帶雨林正漸漸消失，也使得當地的瀕危動植物走投無路，這又更加重了地球暖化問題，實在是太可怕了。

【參考】http://www.foejapan.org/forest/palm

05

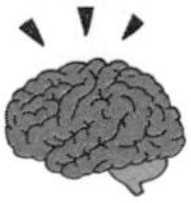

缺水也很恐怖！

日本人分配到的降水量意外的少

和缺能源一樣恐怖的事情就是缺「水」。一旦沒有水，真的是什麼事也沒辦法做。

日本給人水資源豐富的印象。東日本大地震發生以後，瓶裝水立刻賣到缺貨，但因為還有自來水供應，所以我基本上不覺得有缺水問題。

然而，一些有趣的數據顯示，事實並非如此。計算日本每位國民所分配到的降水量，結果竟然**只有沙烏地阿拉伯的一半**！各位能相信嗎？聽起來像是在騙人，但確實是科學數據。

以世界資源研究所二〇〇〇年至二〇〇一年的資料來舉例，日本人的人均年降水量，約為五一一四立方公尺；沙烏地阿拉伯約是九九四九立方公尺。而且日本的數值遠低於世界平均。換句話說，每位日本人分配到的水量其實很少。

儘管日本的總降水量多，但人口也多；而沙烏地阿拉伯的總降水量雖然少，但人口也少。順帶一提，人均降水量極度少的國家之一，包含新加坡。**新加坡國民每人所能分配到的降水量，足足少日本或沙烏地阿拉伯一位數之多！**

新加坡缺水，是城市國家所帶來的影響。只有國土之內能夠蓄水（例如興建水庫），國民才有自己的水可以喝，但新加坡是全球人口密度第二大的城市國家，非城市部分的國土面積非常小，所以，只能向國外買水。新加坡主要向鄰國馬來西亞買水，當年供水協定到期時，馬來西亞有意大漲水價，新加坡根本是被抓住弱點！

要是被馬來西亞威脅「不賣你們水了」，新加坡就完了，那可是攸關「用水的安全保障」的大問題。

一個國家必須時時確保自己可供應能源、水與糧食達到一定程度。所以，比照糧食自給率，日本是不是也該意識到水與能源的自給率呢？

世界各國的降水量

國家	人口（萬人）	面積（千km²）	年降水量（mm/年）	年降水總量（km³/年）	平均每位國民所能分配到的年總降水量（m³/年·人）	平均每位國民所能分配到的水資源量（m³/年·人）
加拿大	3,115	9,971	522	5,205	167,110	87,970
澳洲	1,889	7,741	460	3,561	188,550	18,638
美國	27,863	9,364	760	7,116	25,565	8,838
全世界	605,505	135,641	973	131,979	21,796	7,044
日本	12,693	378	1,718	649	5,114	3,337
法國	5,908	552	750	414	7,001	3,047
中國	127,756	9,597	660	6,334	4,958	2,201
印度	101,366	3,288	1,170	3,846	3,795	1,244
沙烏地阿拉伯	2,161	2,150	100	215	9,949	111
埃及	6,847	1,001	65	65	951	34

（註）

1. 日本的降水量取自昭和46年至平成12年（1971～2000）的平均值。全世界及各國的降水量依據1977年舉辦的聯合國水資源會議的資料。
2. 日本人口依據平成12年的國勢調查。世界人口依據聯合國的《世界人口展望1998年修訂版》中對於2000年的預估值。
3. 日本的水資源量採用水資源賦存量（4,235億m³/年）。全世界及各國的水資源量依據《世界資源2000-2001》（世界資源研究所）中的水資源量（年度內部可再生水資源）。

【參考】http://www.milt.go.jp/tochimizushigen/mizsei/junkan/index-4/11-1.html

地球上可飲用的水有多少？

突然嚴肅的提問水資源自給率，也許嚇到各位了，不好意思。當然，日本的情況和新加坡不同，現在的水資源足夠使用，所以日本國民不需要擔心。那麼我們來想想看，地球上可飲用的水有多少呢？

地球上的水約有十四億立方公里，等於每邊長一公里的立方體共有十四億個，是很龐大的水量！可是，其中有九七・五％都是海水。而且，包含冰在內，存在地球的水資源之中，能夠飲用的淡水只有〇・〇一％而已。也就是說，十四億個立方體之中只有十萬個能喝而已。所以真實的情況是，號稱水之行星的地球，有絕大部分的水是海洋的鹹水，淡水含量少得驚人。

這裡要來談談一個重要的概念：虛擬水（virtual water），它是指**間接使用的水**。目前**日本有大約六〇％的糧食由國外進口**，例如玉米就是。而栽種玉米需要水，因此，在進口玉米的那個時間點，日本民眾已經間接使用了栽種玉米的水。這就是虛擬水的概念。

假如栽種玉米的國家發生乾旱，缺水了，就沒辦法採收玉米。所以，日本不能只考慮日本的水，還必須納入虛擬水，以「世界的水」的觀點去思考。也就是說，日本不能只因為日本有水就覺得安心。

假如世界缺水，許多糧食就無法輸入日本，因為日本的糧食自給率大約是四〇%，一旦糧食無法輸入，日本將會陷入窘境。

在虛擬水方面，日本必須思考自身有多麼仰賴國外的水資源，進而防止全球的沙漠化現象。這是必要的國際貢獻，缺水已經不再是別國的家務事而已。

各位想像得到，日本人會因為世界缺水，而因此「餓肚子」嗎？應該是很難吧。即使經濟情勢持續低迷，日本依然屬於「飽餐」的國家，餐桌上或餐廳裡那些堆積如山的剩菜剩飯，都被丟棄了不是嗎？

說不定，真正恐怖的，是數十年後可能面臨的全球水資源不足，以及衍生而來的糧食短缺問題，而那將會是現在的日本人所無法想像的。「安逸到傻掉了」是日本人耳熟能詳的批評用語，而無法覺察危機正逐步逼近的日本，未來又是如何呢？

06 超巨大海嘯侵襲？

最大的海嘯有多大？

我從東京大學地震研究所的田中宏幸先生那邊，聽來一個可怕的預測。本書在第一二八頁提到了地球上最大的地震，那麼最大的海嘯會是多大呢？

我們姑且不談從宇宙中飛來巨大隕石，因而造成的世界末日等級的大海嘯，而是討論在目前這樣平穩的地球環境中，可能發生的最大海嘯會是多大呢？

說出來可能會讓人嚇到跌坐到地上。預測指出，**地球上可能發生的最大海嘯高達一千公尺！**可能發生海嘯的地點是西非海岸附近的加納利群島，人們在群島中的拉帕爾馬島上的三分之一處，發現了傾斜的斷層。這裡一旦發生火山爆發，恐怕會導致巨大的土石墜落海中，引發暫時性的海面異常高漲，就好比孩子們突然跳進浴缸這樣的情況。

一千公尺高——比六百三十四公尺高的東京晴空塔還高出許多，這樣的巨大海嘯簡直超乎想像。或許要先想想十公尺高的海嘯，也就是東日本大地震時，造成將近兩萬人死亡與失蹤的那場海嘯，才能理解一千公尺高的海嘯，意味著什麼情況吧。

這可能有點嚇到大家了。

不過，據說一千公尺高的海嘯，頂多是出現在火山爆發崩落處周圍的海域，海嘯從那邊一直到侵襲全球的過程中，會逐漸變低，當它抵達紐約時，可能已消退到剩下十公尺高的程度。另外，一千公尺這個數字，是假設大部分土石一口氣崩落到海中而計算出來的，實際發生時，海嘯很有可能比這個高度低得多，所以也不必過度擔心。

田中先生是第一位利用稱為緲子的基本粒子（穿透力強的宇宙射線），來透視火山內部的科學家。他希望能監測拉帕爾馬島上的斷層情況，預先掌握火山爆發的跡象。可能利用人工方式讓部分土地崩落，或反過來利用人工補強等方式，摘除一千公尺高的大海嘯「萌發的芽」，不過，如此大規模的土木工程真的能夠實現嗎？

總之，讓人不禁訝異的是，在我們幾乎不曾注意到的地方，隱藏著可能造成人類滅亡的危險因素。這或許才是最恐怖的吧！

Part 5

科學家的可怕故事

01

科學研究造成的恐怖

原子彈與氫彈

科學家似乎有許多令人覺得恐怖的事蹟。尤其是物理學家，畢竟他們是發明出原子彈與氫彈這類核子武器的人，給人恐怖的印象。

例如，愛因斯坦推導出的公式 $E=mc^2$ 就是核爆的原理，它同時也是核能發電的原理，以及星星閃耀的原理。

假如沒有 $E=mc^2$ 這道公式，說不定物理學家就不會想到透過核分裂擷取能量了，畢竟是先有闡明原理的公式出現，接著才發展出擷取能量的方法的。

以下來說明，原子彈釋放能量的方法。核分裂時，中子會不斷增加。首先會產生兩個中子，這兩個中子各自撞擊鈾元素以後，再度引發核分裂，於是產生四個中子，隨著每次核分裂的過程，中子數陸續變成了二、四、八、十六……一路成倍增加，這是一種連鎖反應。如果任由連鎖反應倍增的能量無限制的增加下去，最後會引發劇烈的爆炸，也就是所謂的核爆。

另外一種核反應稱為核融合，它擷取能量的方式正好與核分裂相反，人類目前正試圖打造出核融合反應爐，讓氫原子核彼此融合。當小小的原子核融合成大原子核時，會釋放出能量，這樣的核融合反應就存在太陽與其他恆星的內部。太陽中最多的燃料就是氫，核融合反應的氫元素燃燒完以後換氦元素燃燒，之後依序換成具有更重原子核的元素。

剛開始燃燒氦時，會發生「氦閃」這種無法控制的狀態，有時星球會因此而爆炸。隨著能量逐漸消耗，會用到以碳元素為燃料，核融合反應最終會合成出鐵元素。一旦變成鐵，就無法做為燃料使用，因為鐵是能量最低，性質又穩定的元素，所以核融合反應到這裡就無法再進行下去。

在宇宙中最初形成的星球稱為太初恆星，它的燃料只有氫元素。太初恆星將燃料燃燒殆盡後，發生了超新星爆炸。這時候的太初恆星，質量是太陽的三十倍以上。當星球內部不再有能量釋出時，會開始因為自己的重力而收縮，最終導致大爆炸。超新星爆炸會使得星球內部的各種元素飛散到宇宙中，而當它們再度聚集時，又會形成別的星球。所以，第二代、第三代恆星就會具有比較重的元素。

再過大約五十億年，太陽恐怕也會燒盡所有燃料，也就是說，核融合反應將會結束。不過，太陽的質量並沒有重到足以引發超新星爆炸的程度，所以太陽最終會不斷變大，變成一顆紅巨星。

太陽變成紅巨星以後，可能會吞噬掉水星與金星等星球，但在這過程中，會有各種物質被釋放到周圍，使太陽變輕；因此，行星繞太陽公轉的軌道也會擴大，這麼一來，地球與火星到太陽的距離會更遠，不會進入被太陽燒毀的區域。只是，那時地球的表面一定會灼熱得像地獄一般。

接下來，再把話題轉回核融合吧。

核融合的原理也是$E=mc^2$。而氫彈其實是一種「核融合彈」，包含了原子彈與核融合的雙重機制，能產出非常龐大的能量。

物理學家所研究的像原子彈、氫彈等，是一般人難以理解的東西，而且具有人類無法掌控的破壞地球的威力。

物理學家給人的形象如同古代的煉金術士一般——窩在實驗室中，用燒瓶滾煮一些怪怪的液體；或是企圖做實驗來製造出人類或是生產黃金，像是在使用魔法一般。

而這些形象都把物理學家與恐怖連結在一起。畢竟，他們可是知道如何擷取出足以摧毀整座都市的能量的那種人啊！另外，對於文科生來說，物理學家老是使用數字或一些學術名詞，說些令人無法理解的語言，也是他們恐怖的地方吧。

科學家不食人間煙火？

還有一個重點是，物理學家當中「也」存在一些不懂世間事的人。那些人因為太優秀了，所以一直做學術工作，待在校園這個封閉的世界裡，也就是說，他們並未出過社會。當然，也有一部分學者，是先進公司工作以後才又回到大學，那樣的學者有在社會歷練過，處事比較圓融（當然也有個性依舊的例子）。

不過，未出過社會的學者非常多，他們從出生到上幼稚園以後，就一直待在學校裡。在一般人的感覺中，一生都在學校裡的人，算是挺奇妙的。

總之，他們不太食人間煙火，因此在戰爭的時候，可能會被一些擅長人情世故的人利用。例如，在美國曼哈頓計畫中研發原子彈的物理學家們。他們之中有大半的人沒想過，自己製造的原子彈竟然是用來對付人類自己。

參與曼哈頓計畫的物理學家們，等於是間接殺害了好幾十萬人，然而他們事先想像不到這一點。他們個人應該是很珍惜家人的人道主義者，但他們不知道自己的「研究」對真實社會帶來的影響有多巨大，催生出大規模的殺傷性武器。

假如有人在事前告訴他們「你們研發的炸彈會投在日本」的話，或許就不會有那麼多物理學家參與計畫了吧。但是他們卻被政治人物或軍人以「只會利用實驗結果嚇嚇敵國，讓戰爭提早結束而已」的說法說服，完全被蒙在鼓裡。

被曼哈頓計畫利用的科學家

大衛．喬瑟夫．波姆（David Joseph Bohm）是參與研發原子彈的其中一位物理學家。這位被迫加入曼哈頓計畫的悲劇物理學家，是研發原子彈與氫彈的物理學家朱利烏斯・羅伯特・歐本海默（Julius Robert Oppenheimer）的弟子。

波姆在大學時代是活躍的社會主義與共產主義者，曾經參與學生運動，因此起初還被認為思想有問題，而不能參與曼哈頓計畫。

然而波姆的物理論文包含了曼哈頓計畫所需的研究，因此他最終還是被召去參與計畫，但可悲的是，因為他的博士論文被轉為軍事用途，列為機密，所以就連自己都不能對外談論自己的研究成果，這對研究者來說，是多麼痛苦的事。

第二次世界大戰結束以後，冷戰時期接著開始。一九四九年，美國出現了麥卡錫主義者，他們傾力打壓共產主義者或自由主義者，執行所謂的「紅色獵殺」行動。結果波姆因為過去曾參與學生運動而遭到質疑，被眾議院非美活動調查委員會召見。

當時，波姆行使保持沉默的權利。結果，他在一九五〇年遭到逮捕，儘管波姆在一九五一年五月時終於獲得無罪釋放，卻已因此失去普林斯頓大學的助理教授職位。他的遭遇，彷彿是被視為異端而遭審判的伽利略。不，事實上，**美國的紅色獵殺，無庸置疑是現代的異端審判行動**。

惜才的愛因斯坦曾經出面與普林斯頓大學交涉，希望能聘用波姆做為助理，可惜大學方面並不同意，於是波姆失業了。不得已，波姆只好轉而前往巴西，在聖保羅大學任教。紅色獵殺時期的社會氛圍，就我們現在的觀點而言是很難理解的，比喻起來就好像是中世紀的獵巫行為。總之，當時一旦被貼上政治標籤，就再也無法在公立大學任職。

波姆從美國前往巴西時，甚至被沒收護照，也就是不能再回到美國的意思。實質上等同於被流放國外。

繼巴西之後，波姆又搬到以色列，並在當地結婚。後來他入籍英國，任職於布里斯托大學，交出了劃時代的量子理論「阿哈諾夫－波姆效應」。其實，單是這一項成就便足以媲美獲得諾貝爾獎，可惜在政治標籤的影響之下，波姆始終與諾貝爾獎無緣。

波姆晚年時批判**科學技術雖然能應用在和平方面，卻也不免被用在破壞方面**。並指出，問題根源出在人類的「思想」，人類會思考，正是製造麻煩的元兇。證據是，不像人類一樣會使用語言來思考的動物，牠們不會製作出殺戮武器。晚年的波姆透過與達賴喇嘛等人的對話，一直在思考和平。這位命運多舛的物理學家，最後提升自己的境界，成為和平運動的提倡者。

核爆掀開了潘朵拉的盒子

晚年致力於和平運動的愛因斯坦，不僅自己推導出$E=mc^2$這道公式，他也曾署名寫信給羅斯福總統。

信中表示，納粹德國正在研發原子彈，美國如果袖手旁觀的話，納粹將統治世界，並提出美國應該研發原子彈的主張。儘管只憑這封信函，並不足以促使羅斯福總統批准研發原子彈，但不得不說，極具影響力的愛因斯坦署名來函，對美國而言意義重大。

身為猶太人的愛因斯坦，隨著納粹德國勢力崛起，他處於危險中，於是辭去柏林大學的教授職位，在一九三三年流亡到美國。

儘管是因為過去的經歷使愛因斯坦感受到納粹德國的強大威脅，但他的署名信函，或許還是決定了日本的廣島與長崎兩城市一共幾十萬民眾的命運。戰後，愛因斯坦與哲學家羅素發表聯合聲明，開始提倡和平運動。

核爆所開啟的潘朵拉的盒子非常之大，實際研發出核彈的物理學家們，對於自己所做的事情也不禁顫慄。本來個個是好爸爸、好丈夫，可是他們的研究結果竟然帶來悲劇。

令人遺憾的是，人類往往不記得教訓。在冷戰最嚴重的時期，氫彈被研發出來；而現在，全世界仍有數量驚人的導彈，以及可以摧毀地球多次還有剩餘的核子武器。

在人類的不全安感——美國擔心被蘇聯比下去；蘇聯也擔心被美國比下去——的驅使之下，科學家依然被徵召動員，持續開發破壞力更勝於原子彈的強大武器。

史達林與悲情科學家

再來看一個科學家參加武器研發的故事。主角是蘇聯的知名物理學家列夫・達維多維奇・藍道（Lev Davidovich Landau）。

藍道不但榮獲一九六二年的諾貝爾物理學獎，也執筆寫作了世界知名的教科書《理論物理學教程》。

一九三八年，藍道與同事被逮捕，理由是製作傳單批判當時統治蘇聯的史達林。雖然他不是主犯，可是他與幾名同事一起批判「蘇聯政權在獨裁體制下走向壞的方向」。在當時的蘇聯，這可是一件會被拘捕、一不小心還可能被判死刑的危險行為。

出生於一九〇八年的藍道，當時大約三十歲，是剛剛嶄露頭角的物理學家。所幸，那時的研究所所長卡皮察（Pyotr Leonidovich Kapitsa）十分欣賞藍道的才能，而且具有政治影響力，在他居中斡旋之下，藍道終於在一年後被釋放。

但也因為以上的經歷，藍道在一九四〇至五〇年代參與了蘇聯的原子彈及氫彈的研發計畫，儘管那並非他本人的意願，可是他有牢獄經歷，並且被政府當局緊盯，如果在這節骨眼拒絕當局，可能換得槍決的命運，於是接下任務。

拜藍道所設計的電腦的計算力之賜，蘇聯得以正確估算出氫彈的爆炸威力。由於對氫彈研發極具貢獻，藍道在一九四九年與一九五三年共獲得兩次「史達林獎」，並在一九五四年受封為「社會主義的勞動英雄」。

這在當時的蘇聯可是極高的榮譽，相當於日本的一等勳章呢。總之，**原本可能因為叛國罪而被判死刑的藍道，最後因為研發氫彈有功，而變身為蘇聯的英雄。多麼諷刺的故事啊！**

權力當前，區區一介科學家是很弱勢的，事情就是這麼無奈。失去生命，一切就結束了，甚至連家人的安危也可能受到威脅，因此，大部分的科學家很難違抗當權者。如果可能的話，也許可以像波姆那樣流亡到國外，但藍道的情況，連流亡的機會都沒有。

後來藍道因為汽車事故重傷頭部，最後於一九六八年在莫斯科過世。真相如何我們不得而知。但是在昔日的共產世界，也可能是暗殺事件包裝成汽車事故，因此案情有可疑之處。

故事說到這裡，究竟是物理學家恐怖，還是國家體制恐怖？有點說不上來了呢。

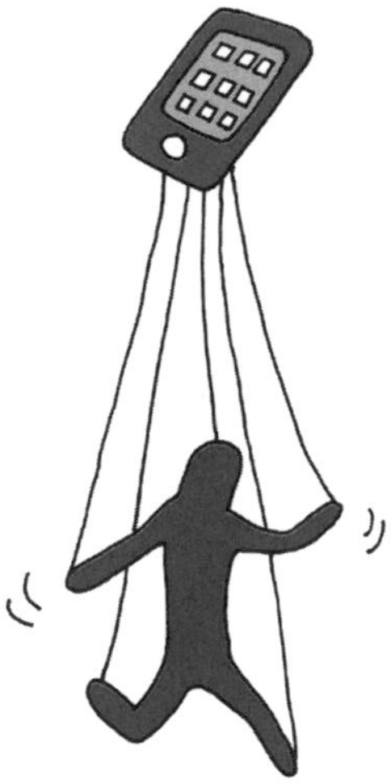

02 人紅是非多的伽利略

爭取出人頭地的伽利略

伽利略是世界知名的物理學家，殊不知，他也有可怕的地方呢。伽利略因為主張「日心說」而遭到審判，而且他堅稱「不管你們怎麼說，地球就是在轉動」的故事，更是為後人所傳頌。事實上，這則軼事毫無佐證可考，可能是後世杜撰的，畢竟，在異端裁判所之中說了不必要的話，下場可是會很淒慘的。

伽利略出身自家道中落的家庭，但取得了巨大成功，在當時的科學家來說，是超乎想像的出人頭地，他是非常有才能的人。

世人印象中的伽利略似乎具有勇於挑戰宗教的形象，其實不然，伽利略終其一生都是虔誠的天主教徒。

在被視為異端而遭受審判以前，伽利略的研究成果在歐洲掀起話題，成為時代的寵兒，與名流貴族、羅馬教廷的重量級人士都有深厚的交情。

就我的觀點來看，伽利略其實很懂得奉承人。他重大的成就之一就是製作望遠鏡觀察月球，發現月球表面有坑洞；之後，他又發現木星周圍有衛星，也就是如今被命名為伽利略的衛星。

伽利略發現衛星時，原本將它們命名為「麥第奇之星」。麥第奇（Medici）家族是統治著義大利佛羅倫斯的名門世家，也是慷慨贊助文藝復興的金主。伽利略出生的故鄉，隸屬於麥第奇家族統治的托斯卡納大公國，他以故鄉最有勢力的人的姓氏為星星命名。這個效果就是，他獲得了宮廷哲學家一職。

改寫成現代版的話，故事就是伽利略因為吹捧跨國大型公司的企業家，於是迅速獲得賞識，登上研究所所長的寶座。總而言之，伽利略是屬於為了出人頭地，能稀鬆平常的恭維名流的人，是會幫助強者、挫敗弱者的那種類型，有點令人討厭（笑）。

伽利略鋒芒外露，頭腦又聰明，很快就獲得重用，而他的反宗教行為當然是不存在的。

事實上，當時的情況與現代人對於科學的印象差距甚遠。**現代人的科學概念誕生於十八世紀的法國大革命前夕；在那以前，科學只是哲學的一個分支。**

在歐洲的學術界，神學與哲學佔有相當重要的地位。哲學包含自然哲學，那時的自然哲學就是現在所謂的科學。而自然哲學的宗旨，如同伽利略寫給他的贊助者的夫人的信：「自然界是神的話語，自然法則是神的書寫。而我的工作，就是解讀神所創造的世界中的祕密。」我想就是如此吧。

那麼，為什麼伽利略會遭到審判呢？最直接的原因是他出版了《關於托勒密和哥白尼兩大世界體系的對話》，提倡日心說。不過，伽利略的著作中並沒有褻瀆神明或者否定神明。畢竟在當時，倡導無神論的人，可是會立刻遭到判處死刑的。

伽利略審判事件的真相

對於伽利略的審判據說舉行了兩場。

我們把順序倒過來，先來了解第二場審判的情形吧。在第二場審判中被判有罪的伽利略，已無法再談論哥白尼的學說（日心說），因為他遭到軟禁。說是軟禁，其實也只是被管束在他的貴族朋友家中而已，只是需要一種形式上的懲罰。

為什麼呢？其中當然也有他宣揚哥白尼的學說的成分，而真正的原因，其實和**神聖羅馬帝國與羅馬教廷之爭**有關。贊助伽利略的托斯卡納大公國，是神聖羅馬帝國的分支機構，與當時的羅馬教廷的關係其實有點微妙。就當時的政治情勢而言，審判年老的伽利略其實主要是警告意味。

那時羅馬教廷的教宗是伽利略的好友，因此伽利略以為，在危急時刻教宗應該會搭手相助。可惜伽利略過度樂觀了。

只是，身為友人的教宗雖然未搭手援救，也未判伽利略死刑，只判決將他管束在貴族朋友家中，而且也允許他在日後回到自己的別墅。

簡直就是一場雷聲大、雨點小的審判。說穿了，只是故意做給托斯卡納大公國看的權力展示，幾乎和現代人以為的宗教與科學之戰無關。

科學與宗教沒有對立

據說，伽利略在第二場審判時之所以被判決有罪，是因為他自己違反了第一場審判時的宣誓書「不再宣揚有關哥白尼學說」。直到現在，這份宣誓書都還被保存在羅馬教廷之中，但奇怪的是，上面並沒有伽利略的署名。

而關於這一點也有各種說法。有研究者認為，第一場審判或許是不存在的，而到了所謂的第二場審判時，由於相關人士多已過世，所以乾脆編造出宣誓書的事情。

不過也有另一種說法認為，第一場審判在形式上是存在的，只是沒要求伽利略署名而已，也就是說，法庭乾脆用伽利略已經簽署宣誓書的說法，說服起訴者接受。畢竟，第一場審判的裁判長貝拉明樞機主教是伽利略的好友。所以，關於整場審判的來龍去脈，很有可能是「某位教會相關人士忌妒伽利略，而向異端裁判所起訴伽利略，而貝拉明樞機主教身為異端裁判所的所長，職務上必須受理案件，便宣稱伽利略已經簽署宣誓書，來處理這件事」這樣的情景。

伽利略是個通曉人情世故的人，應該也有意識到反對派的威脅，於是請求異端裁判所的所長貝拉明樞機主教寫下「伽利略沒有被指控任何罪名」，並且保管了那份文件。

儘管貝拉明樞機主教的文件紀錄有提交到第二場審判上，可惜那份文件並未被採用為證據，反而採用第一場審判時，那份缺乏伽利略署名的宣誓書做為證據。也就是說，第二場審判似乎從一開始就下了結論，雖然只是形式上的審判，卻已決定要處罰伽利略。

在第一場審判以後，哥白尼的著作《天體運行論》被列為禁書。不過那時也只是認為，只要書中願意稍微修正內容，把篤定的文句改為「也許有那種可能性」就好，那麼之後仍允許它繼續出版。

總而言之，「當時的教會試圖遏止日心說」之類的實際證據，其實並不存在。就我的觀點來看，事實上，後世批評當時上演「科學真理對抗冥頑宗教」的場面幾乎是不存在的。

學校教的科學史有假？

說起來，伽利略受審這件事，應該是過度接近權貴的當紅科學家，晚年被捲入麻煩風暴的故事吧。

這麼說來，可怕的不是羅馬教廷，而是我們學到的科學史有假這件事吧！偉人傳記之所以會流傳這樣的內容，原因應該與十八世紀以後的法國啟蒙主義和法國大革命有關。

法國大革命提倡「革新天主教會的信仰，以及君主專政等舊體制」，孕育了日後要相信科學以促進人類發展的進步主義。自那時起，進步主義便一路延續到現代，強調以人為本的思維。

而當後世以這些觀點回顧過去時，便衍生出，過去曾有科學家奮力對抗宗教之類的話題。

「哥白尼好像遭到迫害耶。」

「對呀，伽利略好像也是耶。」

就這樣，他們兩位被當做為了科學而被宗教界犧牲的人。如同之前提到的，十八世紀以前並不存在（現代定義的）科學。真要說起來，我認為是，**我們大家被灌輸了有假的科學史**。專門研究科學史的專家極少，即使在大學的理工學院，科學史也未被列入必修課程。因此，絕大部分科學家或工程師並不清楚自己專攻的領域的歷史。說到這裡，科學家不清楚自己的領域的歷史這件事，好像也是挺可怕的……。

番外篇

兵器・偽科學

01 天降錘杖

美國開發的新武器

曾經，網路上有留言版在討論：美軍正在開發名為「上帝之杖」的太空武器。訊息的來源是「中國網」。這是中國國務院底下直屬的中國外文出版發行事業局，所管理和營運的新聞網站。查看網站，裡面確實有關於「上帝之杖」的新聞（中國網日語版，二〇一二年二月二十九日）。它的內容大致彙整如下。

美國正在開發「上帝之杖」計畫，打算由漂浮在高度一千公里的太空發射臺，對地面投下直徑三十公分、長約六公尺、重達一百公斤的金屬棒。這個金屬棒搭載小型火箭推進器，材質是鈦金屬或鈾金屬。它利用衛星導航，能瞄準地球上的所有地點。

而且金屬棒落下的時速超過一萬公里，具有足以匹敵核子武器的破壞力。另外，它不是炸彈，而是「棒子」，能刺進地底深處，摧毀深藏在地下數百公尺的軍事設施。它的命中率高，就像導彈一樣難以攔截，也不會發出無線電波，簡直無法防禦它的攻擊。

以前我們所能想像到，會從天而降的武器大概就是飛彈，或是雷射武器之類的。但是像網站所說的，能瞄準地球上的任何地方，還能破壞地底數百公尺深處的設施的東西，我想應該要改名叫「惡魔之杖」才貼切。

上帝之杖這個點子，據說是一九五〇年代時，科幻小說作家傑里．尤金．波奈爾（Jerry Eugene Pournelle）在波音公司上班時發想到的。到了二〇〇三年時，美國空軍的報告書詳細記載了它的規格，讓它開始帶有現實色彩。難道是它進入實用階段的消息，已經被中國發現，才有那些報導出現在網路上嗎？不過，說穿了，那個點子不過是科幻小說層級的發想而已。但是，若要說它是中國刻意用來擾亂的資訊，想想也是不無可能。

因為推特發文被強制遣返

提到美國的「軍事武器」，二〇一二年初時發生了這麼一個事件：一對英國情侶因為在推特（Twitter）上發文，而被拒絕入境美國，遭到強制遣返。那則引發問題的推文，直譯下來是「我要摧毀美國」。英文原文用字是destroy，這個字在英國年輕人的口語中，似乎帶有「很浮誇的玩」的意味。結果，按照字面取義的美國當局，一看到這個字眼就繃緊神經，開始調查一般旅客，最後真的決定拒絕他們入境。

我們可別把這篇新聞僅僅當成「一對蠢蛋年輕人亂發推文闖了禍」罷了。怎麼說呢？因為這裡面隱藏了一個問題：美國當局為什麼會知道一對平凡無奇的英國人在推特上的發文呢？

據說，**有一個名為Echelon的全球規模的通訊監察網，由美國與部分同盟國家（如英國、澳洲等）共同運用**。但這個情報系統的存在，並沒有任何官方的消息能夠證實。

美國當局是不是透過Echelon發現，那對英國年輕人在推特上的個人發文，然後下令在機場逮人的呢？還是，美國另外有什麼其他的方法鎖定「恐怖犯罪嫌疑犯」嗎？

要是日常對話都被某個軍事組織監視，頭頂經常被「上帝之杖」指著，那豈止是恐怖而已。更何況，我們根本沒辦法確認真相究竟如何……。

02 超越核彈的「反物質」炸彈

威力破表的炸彈

《天使與魔鬼》這部暢銷電影及原著小說（丹・布朗著）中出現了反物質炸彈。「反物質」和物質的電荷相反。例如，電子帶有負電荷，與它相反的粒子，帶有正電荷，稱為「正電子」，或許稱為反電子會更容易理解。同樣的，質子的相反就是「反質子」。

物質和反物質碰撞以後，雙方都會消失，大部分會轉化成光，剩餘的變成能量釋放出來，產生爆炸，因此可以用來製造炸彈。假設有一塊反物質存放在真空狀態的玻璃容器中，當玻璃被打破，它就會接觸到物質，發生反應而爆炸。

炸彈的威力與質量成正比。也就是$E=mc^2$這個公式，還記得吧。能量是質量乘以c的平方，顯示能量與質量成正比。c是光速，為每秒三十萬公里，再換算成公尺，等於每秒三億公尺，而且還要再變成平方，所以是相當大的係數。這樣乘下來的結果，得到的能量是非常非常的大。

如同本書前面提到的，核融合與核分裂也是使用$E=mc^2$這個公式。核融合或核分裂的過程中，都會發生一部分物質的質量減少的情況，而質量減少的部分就會以能量的形式被釋放出來。

但是，換成是**反物質的情況，它與物質碰撞以後，所有質量都會完全消失，所以會產生極為巨大的能量**。各位都了解一正、一負合起來會變成零。同樣的道理，當粒子與反粒子互相碰撞以後，質量也會變成零。但是，不僅僅是質量變成零而已，而是會全部轉變成能量。

像《天使與魔鬼》的情節那樣，把反物質當成炸彈來使用，是有可能的。只不過，要製造反物質炸彈，假如不是大規模的國際合作或國家級的計畫，恐怕還無法實現。但是像劇中，恐怖分子從大型研究所「竊取」反物質出來的橋段，倒是很有可能發生。因此，管理反物質務必比管理放射性物質更嚴謹才行！

03 用血型分析性格有可能嗎？

日本人熱衷用血型分析性格

是不是有許多人相信血型占卜或是用血型來分析性格呢？日本、韓國與臺灣的民眾，有很多人都相信這是理所當然的事情，但在美國和歐洲，可不（幾乎不）這麼認為喔。就科學層面來說，沒有任何依據。

決定血型的是紅血球表面的蛋白質。奧地利的卡爾．蘭德施泰納發現了人類的ＡＢＯ血型系統，因而榮獲一九三〇年的諾貝爾生理學暨醫學獎。從這獎項可知，血型當然是科學領域的話題。既然如此，紅血球表面的蛋白質，為什麼會與影響性格的腦部「神經迴路」有關呢？這有點難以理解呢。

在沒有科學根據的前提下，假如只是好玩的聊聊血型話題倒還好，要是將血型與社會歧視連結在一起，那就太可怕，也太不應該了。據說，日本有些公司會詢問應徵者的血型。如果是B型的應徵者，可能會被認為「缺乏合作協調精神」，而斷送錄取機會（笑）。喔不，這不是笑話。不科學的迷信一旦被用在社會歧視，真的是很可怕的事情。因為，這將會改變許多人的命運。

只是，相信的人很多，即使告訴那些人「血型和性格差異無關」，他們幾乎還是會用「以我的經驗也覺得有差別」來回應。

那些人應該是採信了偏頗的資訊，再說服自己。用血型推測性格，和晨間新聞播報的「今日運勢」中，提示「巨蟹座的你今天會……」一樣，都是占卜的一種吧。

因克卜勒定律而聲名大噪的天文學家克卜勒，曾經以販賣類似運勢占卜的預言曆維生。直到現在，市面上也都還有販售生日書，提示某年某月某天誕生的人的「運勢」會如何，而且相當暢銷呢！可見，從克卜勒的時代以來，人們熱衷運勢占卜的情況，似乎都沒有什麼改變。在十六至十七世紀時，科學、占星術、煉金術幾乎是一體的學問，那時的自然哲學家或占星術士似乎也身兼天文學的研究工作。然而要是將這樣的情況搬到現代社會的話，可能會讓人覺得有點問題吧。

「科學絕對正確」的思維也很恐怖

這裡似乎很難斷言對與錯。現今電視上經常播放用血型分析性格或用星座占卜運勢的節目。然而科學家是否應該說「這個內容不科學，請停止播出」呢？這是很難回答的問題。一旦回答是，就會淪為科學至上主義，**如同宗教至上主義很糟糕，科學至上主義也很可怕**。假如日本沒有學士院★的許可，就不能在節目中播出、不能在雜誌上刊登的話，那樣的審核權未免也太過度了。

即使是現在，在部分國家中，由偉大的宗教領袖審查電視和報紙，是理所當然的；有些國家則由政府控制媒體。

以自由主義、民主主義的觀點來看，這樣的審核權顯示該國的民主制度是不健全的。所以我認為，在電視上播放用血型分析性格的節目，其實也無妨，但是如果能附上「以上並無科學根據」的提醒會更好。

表達的自由與科學的正確性，兩者之間有時並沒有完全契合。儘管如此，應該享有表達的自由，不然，社會將會變得非常恐怖。畢竟，所謂的科學上正確，其實只是**在特定時代、特定國家的科學家們所認為正確的事情罷了**。

舉例來說，在牛頓時代，人們認為牛頓的方程式能夠說明所有的現象，但是牛頓以後的時代發現了量子力學，人們意識到，自然界中有牛頓的力學計算所無法涵蓋的部分（含有不確定性的，當代知識無法跨越的極限）。

另外，如同本書前面提到的，科學也曾釀出用前額葉切除術來治療思覺失調症患者的悲劇。因此，我們千萬不可盲目的相信科學，也要防範不科學的事情造成世間的不幸。同時，重要的是要有言論自由，人們可以暢所欲言，享受談話的樂趣。

科學本質上的恐怖，就是以「科學正確性」做為絕對基準。要是過分的以科學決定一切的話，就太恐怖了。

★譯註：隸屬於日本文部科學省，是禮遇學術上有顯著功績的學者而設立的機構。

04 信了反而危險的偽科學

勇敢質疑套用科學術語的話吧

有些科學術語流傳到社會上時，被使用在完全不相干的領域，變成了可疑的怪怪詞句。

例如在日本，有時會套用「波動」這個詞，造出「波動讓身體的健康狀況變好」之類的句子。而當實際被問到「波動是什麼？」時，說話者往往回答不出來。就科學而言，波動這個詞很單純，就是波形運動。例如：海浪、空氣振動或電磁波等都是波動。只不過，這些與社會上流傳的「利用波動的能量可促進身體健康」一點關係也沒有。

波動也出現在量子力學的領域。所有物質都由量子組成，量子既是波，也是粒子。但是，與人類健康有關的內容，在量子力學中其實是隻字未提的。只是一般人聽到波動這個詞時，會因為對這個詞產生「科學」的印象，而不知不覺相信了整串話的內容。

科學上使用詞彙是嚴謹的。**波動必定帶有能量，但是目前並沒有波動的能量和人體有關聯的見解**。

自由能（free energy）這個詞也是一樣。有些人似乎因為free有自由的意思，所以誤會自由能就像字面上描述的那樣，於是主張自由能是取之不盡的能源，其實是大錯特錯啊。

自由能是很明確的物理、化學術語。在化學領域中，有各種類型的自由能，在一定的壓力和溫度條件下，會有一定的能量可用於「做功」，這是科學定義上的自由能。**並非哪裡會有無盡的能量源源不絕的湧出**。

還有一種能量稱為真空能（vacuum energy）。這裡所謂的真空並不是指沒有任何東西的狀態，而是物理學上，基本粒子瞬間生成，又瞬間消滅的狀態。換成另一個術語，也叫做零點能（zero point energy），它指的是本來應沒有能量的系統，在最低能量狀態下，仍然有些什麼東西存在。

問題是，零點能（真空能）還沒有辦法被擷取出來使用，直到現在還沒有科學家成功達成這件事。不過，仍然有物理學家認為，總有一天能夠利用真空能。只是目前這都還停留在假說階段。

而那些宣揚「因為是自由能，所以能夠取之不竭」的人，說不定只是想利用這個假說做生意，可不要被蒙騙了！

請註明這和科學無關

有一種讓整個宇宙膨脹的能量，稱為暗能量（dark energy）。根據猜測它也算是真空能，是真空本身存在的能量，使得宇宙空間膨脹。愛因斯坦提出了關於它的概念，不過它的真面目仍然不明，還沒有人成功把這個能量擷取出來。

既然能使宇宙膨脹，它可能擁有巨大的能量，但因為並不清楚它的真實面貌，根本無法明確的檢測，所以也沒有辦法擷取暗能量來運用。

目前所知只有一些模糊的概念，關於暗能量，仍然是很大的謎團。

教科書中提到的知識，只是廣大科學領域中的極小部分，我們不知道的事情還多著呢。但也因為如此，科學與偽科學的區別也就愈不容易看清。

而且，一個問題是，很少有書籍願意揪出「那不是科學！」就算這樣的書籍上市，也少有讀者願意看吧。畢竟，標榜「利用自由能○○！」或「波動可以○○」的書籍還是比較暢銷（笑）。

其實，有人出版那樣的書籍也無妨。雖然騙人不太好，但是「波動可以促進身體健康」這種說法，會讓人心情變好，所以倒也沒必要斷絕它的存在。只是，假如利用它謀取暴利，那就是詐欺行為，必須受到法律制裁。另外，假如要出版那一類的書籍，也必須註明「這與科學無關」才是。

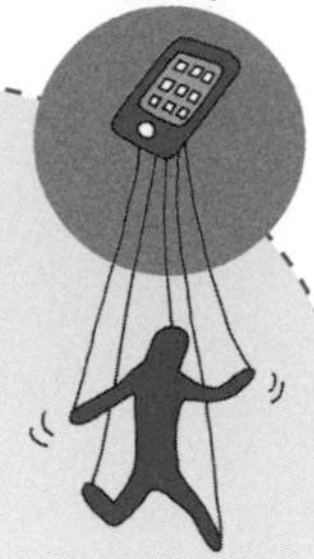

我的妻子讀完本書以後，透露她的感想：「有一些內容恐怖，有一些並不恐怖。」的確，恐怖的感覺因人而異。她舉例，「中國有一位半身麻痺的女性，在她腦部發現體長二十三公分的寄生蟲」這種新聞，會令她覺得很恐怖。寄生蟲（線蟲）為了讓自己住得舒服，會將寄生部位的組織變成肉瘤（替自己「鋪床」的意思）。

另外，當我在推特上發文募集恐怖科學事例以後，「人體實驗——自己的複製人」、「iPS細胞（誘導性多能幹細胞）研究」、「基因重組」、「我們的宇宙可能是誰的創作品」、「（科學家）能扮演神的角色嗎？」、「修改腦部的研究」、「讓意識視覺化」、「中子炸彈」、「遠端操作無人機」……等話題如雪片般湧入。由以上可見，恐怖也有很多面向呢（謝謝回應推文的各位網友）。

我自己在學校上生物課的時候，覺得解剖很恐怖，但聽說有生物學家認為，沒有比這更「美」的景象了。還有，將人類的遺體塑化固定，做為展示，究竟屬於藝術或醫學？想到這裡，就覺得很恐怖。

我的朋友是生物學家，為了明瞭動物的腦部的哪個區域會出現反應，必須將實驗動物犧牲，把牠的腦部切成薄片，做成玻片放在顯微鏡底下觀察。那對我而言是恐怖到不行的事情！會不會，哪天我和他一起喝酒的時候，赫然發現自己被綑綁起來，頭蓋骨已經被切開，聽到他說「我會把你的大腦切片切得很美喔……」——沒有啦，這純粹是我幻想過頭。

寫完這本書，我想我以某種方式理解了科學中恐怖的一面。同時也一直在想：應該還有比這個更恐怖的科學話題吧？最後自己都對這次的選題工作感到意猶未盡呢！

在本書的最後，我要感謝ＰＨＰ的編輯田畑博文先生，從本書的企畫直到出版，一路上給予支持。並且感謝各位讀者讀完本書！

竹內薰

推薦參考書目

以下是本書嚴選的「恐怖」科學讀物，敬請參考（並非本書的參考文獻）。

- 《Remembering Our Childhood: How Memory Betrays Us》（Karl Sabbagh, Oxford University Press）
- 《Peines de mort》（Martin Monestier, Cherche Midi）
- 《H5N1——強毒型新型流感病毒入侵日本的情景》（岡田晴惠 著　鑽石社）
- 《彩色圖解認識宇宙的黑洞》（福江純 著　科學之眼新書）
- 《The Hidden Reality》（Brian green, Vintage）
- 《物理學家藍道》（佐佐木力、山本義隆、桑野隆 編譯　三鈴書房）

BOOK REPUBLIC
讀書共和國 快樂文化 Happy Publishing House 有趣到睡不著 008

一定要知道的怪奇科學：恐懼是很重要的感覺

作者：竹內 薰／繪者：封面-山下以登、內頁-宇田川由美子／譯者：黃郁婷
責任編輯：許雅筑／封面與版型設計：黃淑雅
內文排版與上色：立全電腦印前排版有限公司

快樂文化
總編輯：馮季眉／主編：許雅筑
FB粉絲團：https://www.facebook.com/Happyhappybooks/

出版：快樂文化／遠足文化事業股份有限公司
發行：遠足文化事業股份有限公司(讀書共和國出版集團)
地址：231新北市新店區民權路108-2號9樓
電話：（02）2218-1417｜傳真：（02）8667-1065
網址：www.bookrep.com.tw｜信箱：service@bookrep.com.tw
法律顧問：華洋法律事務所蘇文生律師

印刷：中原造像股份有限公司
初版一刷：2021年8月　初版四刷：2024年2月
定價：360元
ISBN：978-986-06803-5-5 (平裝)

國家圖書館出版品預行編目（CIP）資料

一定要知道的怪奇科學：恐懼是很重要的感覺/竹內薰著；黃郁婷譯. -- 初版. -- 新北市：快樂文化出版，遠足文化事業股份有限公司，2021.08
面；　公分
譯自：怖くて眠れなくなる科学
ISBN 978-986-06803-5-5(平裝)
1.科學 2.恐懼 3.通俗作品
307.9　　110011945